①格陵兰睡鲨。转载自参考文献 8 / ②弓头鲸。转载自参考文献 9 / ③阿尔达布拉巨龟乔纳森。转载自参考文献 11 / ④狮鹫。转载自参考文献 14 / ⑤各种珊瑚群落。转载自参考文献 30 / ⑥大和水螅（Hydra vulgaris）。转载自参考文献 31 / ⑦日本灯塔水母。由三宅裕志提供（32）/ ⑧北极蛤。转载自参考文献 26 / ⑨臂尾轮虫（Brachionus plicatilis）。转载自参考文献 24。

⑩世界上寿命最长植物 Kings Lomatia 的野生状态和花朵。来自 Royal Tasmanian Botanical Garden 的主页（48）。图中的人物是工作人员 A. Macfadyen，由 N. Tapson 拍摄 / ⑪群落植物墨西哥三齿拉瑞阿。转载自参考文献 49 / ⑫ 9550 年树龄的瑞典唐桧。转载自参考文献 50/ ⑬一棵大约有 5000 年历史的五叶松，美国加利福尼亚州内华达山脉。转载自参考文献 52 / ⑭屋久岛的绳文杉。转载自参考文献 53/ ⑮杨树林（Pando），美国犹他州鱼湖国家森林。转载自参考文献 61/ ⑯孟宗竹。作者于 2019 年在北九州市合马竹林公园拍摄。

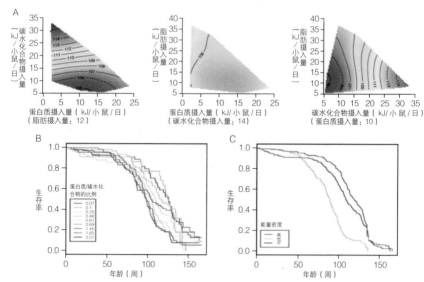

⑰ 营养素对小鼠寿命的影响。(A)显示蛋白质、脂肪和碳水化合物摄入量与寿命的中位值（单位：周）之间关系的图表。详细说明见正文。(B)生存曲线显示寿命的变化取决于摄入的蛋白质/碳水化合物比例。(C)3个食物能量密度水平的生存曲线比较。根据参考文献78的图2的A、B、C创建。

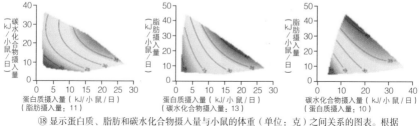

⑱ 显示蛋白质、脂肪和碳水化合物摄入量与小鼠的体重（单位：克）之间关系的图表。根据参考文献78的图5A创建。

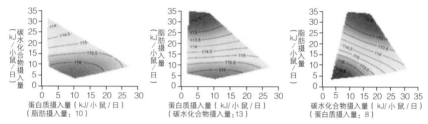

⑲ 显示蛋白质、脂肪和碳水化合物摄入量与小鼠的收缩期的血压（单位：mmHg）之间关系的图表。收缩期的血压显示的是最高血压，舒张期的血压也一样。根据参考文献78的图5C创建。

⑳蜘蛛兰。转载自参考文献150/㉑长叶车前草。转载自参考文献152/㉒Borderea pyrenaica 雄性植株。转载自参考文献155/㉓侧柏。转载自参考文献159/㉔山毛榉。转载自参考文献165/㉕大贺莲花。转载自参考文献173。

400岁的鲨鱼、
40000岁的植物

生物的寿命
是怎样决定的

[日]大岛靖美 / 著

张小苑 / 译

人民东方出版传媒
People's Oriental Publishing & Media

東方出版社
The Oriental Press

前　言

　　如果将男性与女性综合统计的话，目前日本人的平均寿命大约是 80 岁。一般而言，一个生物体的平均寿命虽然会受其生存环境的影响，但生物体的最长寿命基本上是由基因决定的，这也被认为是生物体的固有特征之一。有确切记载的日本最长寿的人的寿命是 117 岁，整个人类的最长寿命确切记载是 122 岁。

　　在日本，出版于 2002 年的《数值生物学》中记载了各种动物的最长寿命。根据其记载，哺乳动物里人类的最长寿命是 118 岁，是最长的，此外是 116 岁的长须鲸和 100 岁的驴。其他动物群中的最长寿者分别是：鸟类是 118 岁的狮鹫，爬行动物是 177 岁的加拉帕戈斯象龟，鱼类是 152 岁的鳕鱼，无脊椎动物是软体动物鹦鹉螺，60～100岁。由此可以看出，长寿的脊椎动物体形都比较大，而且最长寿命都超过了100年。另一方面，我们所熟悉的猫和狗的平均寿命只有10～20年，最长寿的猫活了35年。昆虫占无脊椎动物数量的一半以上，一般寿命都比较短，例如，果蝇的最长寿命据研究是46天。

直到不久前，以上这些内容依然是我们很多人了解的动物世界的寿命。然而，最近有报道称，有一种鲨鱼的寿命约为400年，冰岛贻贝的寿命可达500年，更有甚者，水螅、灯塔水母、珊瑚和海绵的寿命超过了4000年，甚至还有推测认为它们是长生不老的。

就植物而言，树木寿命的最长纪录大约是5000年，这比同时期已知的动物寿命要长得多。最近的研究表明，一些形成了群落的植物，其寿命可达4万年甚至更长，这显然要比动物长久得多。生物的寿命确实是非常惊人的。

从大约30年前开始，关于决定动物寿命的基因和分子的研究就已经展开，研究对象主要集中在线虫和果蝇上。近年来，对鼠类等哺乳动物和人类的相关研究也在积极进行当中，并且有数量不菲的论文已经面世。在此背景之下，包括哺乳动物在内的动物寿命以及与其密切相关的衰老调控机制正在不断被阐明，关于预防和延缓人类衰老的具体方法也在不断被提出。

笔者从事分子生物学研究多年，对生物的寿命很感兴趣，也进行过线虫寿命的相关研究。基于这样的背景，笔者开始创作这本书，目的除了描述动植物的寿命及其相关研究的整体图景之外，也在于论述决定人类寿命的重要因素，因为对我们人类而言，这是一个非常切实的问题。简而言之，寿命是生物体生命过程的综合结果，因此，确定寿命的机制虽然非常复杂，且仍处在研究过程中，但也是可以给出概括性描述的内容。通过动物和植物的比较，讨论寿命问题，不但有趣，而且有可能在未来助力人类延长寿命。鉴于此，笔者希望本书能被更多的人读到，其中当然包括对自己寿命感兴趣的中老年人，也包括对生物学有兴趣的一般读者以及生物学的研究人员和学子们。

第 1 章

400 岁的鲨鱼　4000 岁的珊瑚

——动物的寿命

1.1　脊椎动物的寿命排名

第 1 名：格陵兰睡鲨

　　表 1-1 显示的是几组脊椎动物，列出了其中部分动物的最长寿命，分别按寿命从短到长的顺序排列。在这些动物中，寿命最长的是鲨鱼中的一种（卷首图①）——格陵兰睡鲨（Somniosus microcephalus，英文名：Greenland Shark）。这种鲨鱼广泛栖息于北大西洋和北冰洋，较之雄性，雌性体形更大，多数可达 4~5m（2）。

　　如表所示，据报道格陵兰睡鲨的最长寿命为 392 ± 120 年，这个数据来自 28 头所调查的雌性格陵兰睡鲨中体积最大的一头（约 5m 长），研究人员通过眼晶状体的放射性碳素推断了其寿命，这个推断值有相当大的伸缩范围（±120 年表示 95%=2σ 的置信限）。取最大值的话，它的寿命可能为 500 年，如果有更大体形的格陵兰睡鲨存在的话，其寿命可能会更长。这可以看作是目前已知的脊椎动物中最长寿的动物，比之前排名第一的加拉帕戈斯象龟、蝶鲛还要长两到三倍，它的发现可以说具有划时代的意义。

难以确定的寿命

上面的格陵兰睡鲨的寿命是估计值，并且伸缩范围很大，在表 1-1 中的其他示例中，鲤鱼和鹳的估计值是 70~100 年，伸缩范围也相当大。比较确切的最长寿命纪录是狗、马等的记录，其原始记录是人工饲养下的寿命记录，孔雀鱼、鸡、猫等的圈养记录也可认为是接近准确值的（吉尼斯世界纪录猫的最长寿命纪录是 34 岁）。不过，表中的许多最长寿命并不准确，应该只是估计值。

但是，除非被圈养并且有准确的记录，否则一般很难准确确定动物的寿命，而且不难想象的是，越是长寿的动物，其准确寿命越难以确定。在本书的第 9 章，我总结了测算或估计动物寿命的方法。在这里想要提醒大家的是，在考虑动物的寿命时，此表是非常重要的。

表 1-1　各脊椎动物的最长寿命

动物种类	最长寿命	动物种类	最长寿命
鱼类		**鸟类**	
孔雀鱼	5 年	蜂鸟	8 年
鲑鱼	13 年	鸡	30 年
鲸鲨	70 年	鹳	62 年
鲤鱼	70~100 年	鸵鸟	62 年

动物种类	最长寿命	动物种类	最长寿命
鳗鱼	88 年	猫头鹰	60~70 年
鲟鱼	152 年	鹳	70~100 年
格陵兰睡鲨	392 ± 120 年[2]	鹦鹉	100 年
两栖动物		狮鹫	118 年
蟾蜍	40 年	**哺乳动物**	
日本大鲵	55 年	鼩鼱	1.5 年
爬行动物		老鼠	4 年
蟒蛇	40 年	猪	27 年
美国短吻鳄	66 年	狗	34 年（被饲养）
Tuatara 大蜥蜴	100 年	猫	35 年
加拉帕戈斯象龟	177 年[3]	黑猩猩	59 年[5]
阿尔达布拉巨龟（Jonathan）	183 年[4]	马	61 年（被饲养）
		印度象	69 年[5]
		驴	100 年
		须鲸	116 年[5]
		人类	122 年[6]
		弓头鲸	211 ± 35 年[7]

注：摘自参考文献 1 的表 1.1.2。但是，（2）~（7）的数据引用自本书末尾参考文献列表中的相应数字。

第 2 名：弓头鲸

如表 1-1 所示，各脊椎动物中的第二长寿者为哺乳动物中的弓头鲸（也称为格陵兰鲸，Balaena mysticetus），寿命是 211 ± 35 年（7）。弓头鲸（卷首图②）是大型鲸类之一，属于须鲸的亚目，与格陵兰睡鲨一样，生活在寒冷的极地海域，体型最大可达约 20 米（9）。这个寿命取自 48 头弓头鲸观察样本中最长寿的一头，通过将天冬氨酸（眼睛晶状体细胞核中的一种氨基酸）的外消旋化程度作为指标，推测了鲸的寿命。

此外，日本东白川村饲养的名为花子的鲤鱼，从其鳞片推测年龄有 226 岁，据说已被记入了吉尼斯世界纪录，但这个数据的可信度存在疑问（10），这里不予列入。

第 3 名、第 4 名：龟

表 1-1 中寿命第 3 长和第 4 长的是两类爬行动物，分别是 183 年的阿尔达布拉巨龟（也称为塞舌尔巨龟）和 177 年的加拉帕戈斯象龟。两者都是陆地生大型龟，截至 2016 年，名为乔纳森的阿尔达布拉巨龟（卷首画③）已经 183 岁了（4），非常健康。另据资料显示，名为乔纳森的阿尔达布拉巨龟直至 2014 年（182 岁）的时间点，都是具有可靠饲养记录的相同或相似物种中寿命最长的（11）。印度动物园饲养的名叫阿德瓦的阿尔达布拉巨龟据说有记载已经存活了 255 年，但被认为缺乏科学依据（11）。

加拉帕戈斯象龟的最长寿命为 177 年，在《生物的大小和形状》（12）中有记载，但依据不明。根据另一份记载，澳大利亚动物园的加拉帕戈斯象龟的长寿记录是 176 年。

第5~8名

第 5 名的长寿者是 152 岁的鲟鱼, 第 6 名是哺乳动物的人类, 122 岁, 这是基于法国女性珍妮·路易丝·卡尔曼 (Jeanne-Louise Calment, 图 1-1) 的寿命纪录。卡尔曼生于 1875 年 2 月 21 日, 卒于 1997 年 8 月 4 日, 被认为是有明确生死证据的最长寿的人 (6) (13)。

图 1-1 人类最长寿纪录的保持者珍妮·路易丝·卡尔曼
注: 出自参考文献 6。

日本人寿命最长纪录目前正在被改写, 一年前, 生活在福冈县的田中佳子 (日文名: 田中かね) 被吉尼斯世界纪录认定为活着的世界上最长寿者, 最近有报道称, 2020 年她 117 岁了, 身体健康 (《每日新闻》, 2020 年 1 月 6 日)。作为日本长寿的象征, 这对我们来说是个令人鼓舞的消息。

第 7 名长寿者是鸟类的狮鹫，118 年（卷首画④），狮鹫是鹰科的猛禽，翼展可达 2.6 米（14）。第 8 名是须鲸，116 年。

寿命短的动物

表 1-1 还列出了寿命短的动物，其中，寿命最短的动物是鼩鼱，只有 1.5 年。老鼠 4 年，鱼类中的孔雀鱼是 5 年，鸟类中的蜂鸟是 8 年，等等。所有这些动物体格都非常小，重量也比较轻，只有几克或者更少，老鼠（约 20 克）除外。从表 1-1 可以看出，所有的长寿动物体形都较大，粗略一看即可明白的是，各脊椎动物寿命和体重几乎都具有相关性（请参考本书第 7 章）。

表格中狗的最长寿命是 34 岁，据日本宠物食品协会进行的"平成 28 年（2016 年）全国猫狗饲养情况调查"显示，在日本，狗的平均寿命是 14.36 岁（15），大约是最长寿命的 40%。

另外，网络上还可以查到 50 多种鸟类的寿命一览表（16）和约 200 种鱼类的寿命一览表（17），有兴趣的读者请参考。

1.2 人类的平均寿命在延长

人类的最长寿命约为 120 岁，但平均寿命是多少呢？WHO（世界卫生组织）发布的 2018 年统计数据表明，2016 年全球男女平均寿命为 72.0 岁（男性 69.8 岁，女性 74.2 岁），女性平均寿命比男性长 4 年多。

世界各地的平均寿命

人类的平均寿命因国家不同而数据各异，表 1-2 显示的是在同一次统计中得出的数据，表中分别列出了平均寿命最长的和最短的 10 个国家。从这个表中可以看出，日本是平均寿命最长的国家，为 84.2 岁，最短的莱索托为 52.9 岁，平均寿命相差了 30 多岁。寿命最长的 10 个国家分布在欧洲和亚洲，但是，与之相比，更令人印象深刻的是，所有寿命较短的国家都分布在非洲。一方面，我们很庆幸日本是世界上寿命最长的国家之一，另一方面，许多非洲国家平均寿命短的主要原因被认为是贫穷，这与其曾经的殖民地历史有关，也可能与人种、气候和风土的差异有关。

按性别看平均寿命的话，男性中排名第一的是瑞士（81.2岁），日本第二（81.1岁），澳大利亚第三（81.1岁）；女性排名第一的是日本（87.1岁），第二位是法国和西班牙（85.7岁）。

在这个统计中，除了有数据的183个国家外，还列举了没有数据的12个国家/地区的名称，中国香港不包括在内，这大概是因为中国香港既不是一个国家，是中国的一部分，也不是世卫组织成员的缘故吧。然而，根据世界银行的统计，中国香港在男性和女性的长寿方面均排名第一。据每日新闻报道（2018年7月21日），根据厚生劳动省的简化寿命表可知，2017年日本人的平均寿命为女性87.26岁，男性81.09岁，均较上一年有所增加，女性与上年一样位居世界第二，男性则下降一位至全球第三，中国香港位居第一，瑞士位居第二。时至今日，日本可能依然是世界上男性和女性合计平均寿命最长的国家。

表1-2　平均寿命最长与最短前十国家（2016年）

平均寿命最长的国家			平均寿命最短的国家		
排序	国家	平均寿命（岁）	排序	国家	平均寿命（岁）
1	日本	84.2	183	莱索托	52.9
2	瑞士	83.3	182	中非共和国	53.0
3	西班牙	83.1	181	塞拉利昂	53.1
4	澳大利亚	82.9	180	乍得	54.3

平均寿命最长的国家			平均寿命最短的国家		
排序	国家	平均寿命（岁）	排序	国家	平均寿命（岁）
5	法国	82.9	179	科特迪瓦	54.6
6	新加坡	82.9	178	尼日利亚	55.2
7	加拿大	82.8	177	索马里	55.4
8	意大利	82.8	176	斯威士兰	57.7
9	韩国	82.7	175	马里	58.0
10	挪威	82.5	174	喀麦隆	58.1

注：根据世界卫生组织 2018 年版的《世界卫生统计》（*WHO World Health Statistics*）制作。

人类寿命在延长

纵观历史，人类的平均寿命得到了很大程度的延长。根据马西姆·利维巴茨（Massimo Livi - Bacci）的《人口的世界史》（18）显示，公元前一万年的估测平均寿命为 20 岁，公元元年为 22 岁，1750 年（中国清乾隆年间）为 27 岁，1950 年为 35 岁，2000 年为 56 岁。近年来，平均寿命的增长尤其显著，比 1950 年增长了一倍多。引起这一变化的原因，应该来自医学的发展、食品和经济条件的改善等，人类的平均寿命显然随着文明的发展而显著延长。最近的世界平均寿命达到了 72 岁，是最长寿命 120 岁的 60% 左右，比起上文提到的狗的平均寿命占最长寿命的比例（约 40%），要高出不少。

无论是全球还是日本国内，人均预期寿命仍在增加。在日本，与 2016 年相比，2017 年男性和女性均增加了约 0.1 年，这种平均寿命的增长预计还会持续一段时间，但很难预测会持续多久。

1.3 脊椎动物长寿的因素

一般而言，决定动物寿命的机制是非常复杂的，有多种因素在起作用。在本书第 7 章中，我们将就分子水平这一影响因素进行分析，在这里，我们首先关注迄今为止的描述中可以看出的、影响脊椎动物长寿的重要因素。

长寿因素可以大致分为生物体固有的因素和生活环境因素。从表 1-1 中可以看出，所有长寿动物的体形都相当大，换句话说，较大的身体被认为是长寿的因素之一。这一规律适用于恒温动物（哺乳动物／鸟类）和变温动物（如鱼类和爬行动物），且无论生活在陆地上还是水中，它都适用。

体形大之所以是长寿的因素，原因很简单，就是大的体形更容易承受温度、食物等环境的变化和不利的环境本身。例如，寿命最长的格陵兰睡鲨和寿命第二长的弓头鲸都生活在寒冷的海域，由于体形较大，身体深处的体温相当高，维持生命和成长的代谢反应在一定程度上可以得到保证。

至于环境因素，上文提到的格陵兰睡鲨和弓头鲸都生活在低温海域，由此，低温的生活环境被认为是长寿的一个因素，也就是说，在低温下生长速度较慢，成长需要很长时间，所以寿命会更长。环境温度低导致生物生长缓慢，加之成体较大时，它的寿命会很长。

能够生活在寒冷的海域，被认为是生物的一种属性，基本上是由基因决定的，所以可以说最长寿命的原因最终存在于动物的体内。

人类和狗的平均寿命在很大程度上受其生活环境影响，这一事实，通过不同国家和时代的人类平均寿命差异可以一目了然。

1.4 无脊椎动物的寿命排名

与脊椎动物一样，我们也可以为无脊椎动物分组并显示各类动物的最长寿命，如表1–3所示，在这里，以生物分类的最大单位"门"为分组标准，如海绵动物门、刺胞动物门和软体动物等。近年来，关于无脊椎动物的寿命研究也取得了重大进展，并且报道了一些最长寿命超过1000年的案例。

第1名和第3名：珊瑚

在表1–3所示的最长寿命中，被认为是比较确切的，第1名和第3名都是刺胞动物珊瑚。卷首图⑤就是由几种珊瑚组成的群落。刺胞动物曾被称为腔肠动物，包括水母、珊瑚、海葵和水螅等。刺胞是用于注射毒物、摄食等的器官，刺胞动物的共同特征是都拥有这个器官。

表中的两种珊瑚，都是取样于夏威夷附近水域的活珊瑚，并通过放射性碳年代测定法推测了年龄（20）。年龄4265岁，排名第一的是六放珊瑚亚纲黑珊瑚目下的珊瑚，又称黑珊瑚；2740岁的第三名是八放珊瑚亚纲的珊瑚。刺胞动物的分类差异很大，当从这些半径为38毫米或19毫米的半化石（石灰石）分支部分的表面测量不同深度的放射性碳素时，被测部分几乎没有代谢。因此，可以从放射性碳素的水平估计每个部分形成的年代。例如，在第1名珊瑚的最内部，14C的水平比靠近表面的位置低约40%。由于14C的半衰期是5730年，因此可以理解为这个珊瑚的年龄与5730年非常接近。

表1-3　无脊椎动物的最长寿命

动物的门和物种	最长寿命	动物的门和物种	最长寿命
海绵动物门		**软体动物门**	
玻璃海绵	9000 年[19]?	金乌贼	5 年
刺胞动物门		牡蛎	12 年
等指海葵	15 年	欧洲玉黍螺	20 年
石珊瑚	> 28 年	鹦鹉螺	60~100 年
八放珊瑚 Geradia sp.	2740 ± 15 年[20]	池蝶蚌	100 年
黑珊瑚 Leiopathes sp.	4265 ± 44 年[20]	北极蛤	507 年[26,27]
大和水螅（H. vulgaris）	> 3572 年[21]	**节肢动物门**	
灯塔水母	永久?[22,23]	果蝇	46 日
扁形动物门		臭虫	6 个月
绦虫	35 年	石蜈蚣	5 ~ 6 年
轮形动物门		螳螂	8 年
臂尾轮虫	14 日[24]	小龙虾	20~30 年
线形动物门		龙虾	45 年
线虫	36 日[25]	白蚁女王	100 年[28,29]
蛔虫	5 年		
环形动物门		**脊索动物门**	
蚯蚓	10 年	头索动物	7 个月

注：除去另有说明，其余均摘自参考文献1的表1.1.2。括号中的数字表示书末参考文献列表中的来源编号。

第2名：九头海蛇？

在表1–3中，估测寿命相对确切的第二位3572年（或更长）（21）的是一种叫作大和九头海蛇（Hydra magnipapillata）的水螅。卷首图⑥是类似的（同属）水螅。水螅也属于刺胞动物门，但它生活在淡水中，形状独特，体形小至2.5厘米或更小。卷首图⑥中的大和水螅（H. vulgaris）也是常常被研究的一种水螅，估计其寿命最长为1893年（或更长）。这些水螅在数年间的饲养实验中几乎没有老化，死亡率非常低。长寿是从这个极低的死亡率推定出来的，并非有确实证据表明它的确活了这么久（21）。

灯塔水母不老不死？

灯塔水母同属刺胞动物门，但属于泥虫纲、花水母目，即所谓的水母的一种（卷首画⑦）。这种灯塔水母据说是不老不死的（22）（23），其依据是，根据观察到的结果显示，成熟的灯塔水母个体通过触手的收缩、伞的倒转、身体的收缩等附着在珊瑚礁等上，成为水螅，再次重复水母发育的能力。1991年，这一事实首先在地中海灯塔水母（Turritopsis dohrnii）中得以发现并引起轰动，在另外的灯塔水母处也得到了证实

（22）。能够进行有性生殖的成熟个体恢复到未成熟状态，且是多细胞动物，这种例子极为罕见，其他仅在矢原水母中有所报道。在日本，京都大学海滨实验所的久保田信副教授在鹿儿岛湾采集到灯塔水母，并且成功地完成了 10 次的再发育（23）。一系列的事实显示，灯塔水母具有无限生存的可能性，但是目前的确切证据却远不如珊瑚的相关证据多，因此这里将其称为有疑问的"永久？"。

长寿的群落

许多刺胞动物，包括珊瑚，都以"群落（colony）"为生存特征。群落是"通过分裂或萌芽产生的新个体作为身体的一部分，或体外分泌的外壳结集而成，是个体的集合体"，从原生生物到海鞘，自然界中有很多这样的例子（33）。植物界里长寿的植物，其寿命可长达约 1 万年，甚至更长，它们大多是这样的群落植物。珊瑚寿命之所以很长，很可能是因为它们形成了这样的群落。根据上面的定义，群落是在无性细胞分裂和出芽产生新个体的基础上产生的，即使每个个体的寿命不长，也会一个接一个地产生新个体，从而整体生命得以延长。从理论上讲，它也可以像灯塔水母一样长生不死。灯塔水母的成体虽然不是群落形式，但发育过程中的水螅是群落，这种群落性质可能与灯塔水母的长寿有关。

海绵动物

海绵动物是最原始的多细胞动物群，与珊瑚和水母一样，它们生活在海洋中并形成群落。寿命大约有 9000 年的玻璃海绵是指加拿大太平洋沿岸的六放海绵（Aphrocallistes vastus）、绢网海绵（Farrea occa）和另一种海绵（Heterochone calyx）的巨大集合体（19）。如果可以确定的话，其寿命有可能是最长的，但由于没有推定寿命的确切依据，因此仅在表 1-3 中列出以供参考。这也是一个群落，推定其中寿命长的个体寿命在 200~250 岁。

第 4 名：贝类

表 1-3 中已确定的长寿纪录的第 4 名是 507 岁的北极蛤（Arctica islandica, 卷首画⑧），这种贻贝是北大西洋沿岸常见的可食用双贻贝，也被称为海蚌蛎，其中较大的壳长约 5 厘米。这种贝壳的外侧形成了类似树木年轮的图案，因此可以通过数其中的纹路来估计年龄。

2007 年，英国班戈大学的斯克斯、巴特勒及他们的研究小组为了调查过去的气候变化，收集了 200 只这样的贝类，调查了它们的年龄。当时，寿命最长的年龄在 405 ~ 410 岁，于是起了个名字叫"明"。然而，2012 年再次检查年轮，并用放射性碳素测定的结果，其年龄推定为 507 岁。这种贝类到了一定年龄后生长会变缓慢，许多个体大小相近，仅凭大小并不能判断确切年龄（26）（27）。

关于北极蛤长寿的原因，也展开了相关研究，据报道它对氧化压力具有很强的耐力（34）（35），其中就有研究（34）引用了这个年龄507岁北极蛤的例子（36）。

北极蛤属于软体动物，软体动物包括许多贝类、鱿鱼、章鱼等，是无脊椎动物中一个相当进化的种类，它没有像珊瑚那样形成群落。北极蛤比任何脊椎动物（表1-1）都长寿，在非群落动物，即个体动物里是最长寿的纪录保持者。有趣的是，脊椎动物的长寿纪录保持者格陵兰睡鲨和弓头鲸体形都非常大，与之相比，北极蛤却小得多。

表1-3列出的鹦鹉螺和池蝶蚌被认为也有100年左右的寿命，未来也有可能会发现比北极蛤寿命更长的贝类。北极蛤生活在寒冷的水域中，它们缓慢的生长类似于脊椎动物长寿纪录保持者鲨鱼和鲸鱼，这也可能是长寿的因素之一。

寿命较短的无脊椎动物

表1-3中寿命最短的动物是只有14天生命的臂尾轮虫（24）。臂尾轮虫是轮形动物的一种，轮形动物俗称轮虫。轮虫体形小于1毫米，是一种运动活跃的微型动物（浮游生物），在陆地水（淡水）中含量丰富，世界上已知的轮虫有1500多种（37）。轮虫是一个我们很多人都不太了解的生物群体，但

臂尾轮虫（卷首图⑨）是一种生活在微咸水中的浮游生物，被大量养殖并用于喂养咸水鱼。卷首图⑨为雌性，体长约 0.2 毫米，拥有消化道这类略复杂的器官，但雄性缺乏消化道，体形较雌性小（24）。

表中寿命第二短的是线形动物的线虫，寿命 36 天。线虫又小又细，长约 1 毫米。据说线虫在自然界中大量存在于土壤和落叶表面。大约从 50 年前起，线虫被较多用于研究，如今它与果蝇一起，已经成为全世界重要的研究用动物。线虫体积小，容易在实验室繁殖，世代间繁殖时间很短，只需要 3 天左右，在这段时间内，可以培养 200 多倍的后代，作为研究材料是非常优秀的。多年来我也一直在使用线虫作为主要的研究材料。实验室线虫的平均寿命约为 2 周，通过基因变异，寿命最长可以扩展到大约 10 倍（25）。线虫对寿命研究作出了重要贡献，虽然描述相关研究细节并非不可能，但对许多读者来说，这样的内容过于专业，陌生感较强，本书省略不述。

表中寿命第三短的是昆虫果蝇（46 天）。昆虫（纲）约占所有动物物种的一半，约 80 万种，是迄今为止最大的动物群，被归入节肢动物门。众所周知，昆虫的寿命普遍较短，但表中所列的螳螂最长寿命为 8 年。此外，令人惊讶的是，表中列出的白蚁女王存活纪录是 100 年。关于这一点，我只能在互联网上找到相关信息（28）（29），不知是否可靠，因此列出以供参考。

此外，石蜈蚣被归类为多足纲，而小龙虾和龙虾被归类为甲壳纲。果蝇寿命研究的细节也很重要，但由于与线虫研究相同的原因而被省略。

1.5　超长寿无脊椎动物的秘密

北极蛤

本书上一节中提到，在非群落、个体生存的动物中，寿命最长的纪录（507 年）保持者是软体动物北极蛤。目前，已经发表了至少两项研究是关于这种贝类长寿原因的。其中的一篇研究进行了比较研究（35），研究选取了北极蛤和寿命较之短的硬壳蛤（Mercenaria mercenaria, 最长寿命 106 岁）为比较对象，为两类贝类分别准备了老年组和青年组。4 组的比较结果是，在北极蛤的鳃和心脏中，过氧化氢（H_2O_2）（加速衰老的活性氧分子之一）的产生量比硬壳蛤要低得多。硬壳蛤的过氧化氢产量随着年龄的增长而显著增加，但北极蛤即使高龄之后，与年轻时也没有什么不同。

当暴露于酸化剂 TBHP（tert–butyl hydroperoxide）时，北极蛤的死亡率远低于硬壳蛤（图 1–2）。此时，导致细胞凋亡（程序性细胞死亡）的 Caspase 3（一种蛋白酶）的活性在硬壳蛤中显著增加，但在北极蛤中没有变化，据此可以认为没有发生细胞死亡。此外，还检测了几种抗氧化酶的活性和参与蛋白质再生的蛋白水解酶的活性，两种贝类都没有变化。从这些事实来看，北极蛤长寿的原因是活性氧分子的产生量低且不随年龄增长而增加，并且对氧化应激的抵抗力强。

另一项研究（34）聚焦于细胞膜中脂质过氧化的程度（过氧化指数"PI"）。一项对哺乳动物和鸟类的比较研究报告称，骨骼肌和线粒体 PI 与寿命呈负相关（较低的 PI 导致较长的寿命）。这个研究测量了线粒体的 PI，并将北极蛤和生活在同一地方、寿命最长为 28 年、37 年、92 年和 106 年的 4 种贻贝进行了比较。结果显示，这些 PI 随着寿命的增加呈对数下降，而在北极蛤中，它们比其他 4 种贝类减少得更多，这可视为北极蛤极其长寿的因素之一。

上述两篇论文都表明，生物分子的较少氧化对延长寿命是非常重要的。

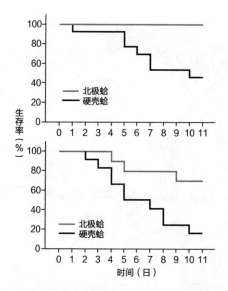

图 1-2　北极蛤和硬壳蛤暴露于氧化剂 TBHP 时的生存曲线

注：（上）1mM TBHP，（下）6mM TBHP（根据参考文献 35 的图 3A、B 创建）

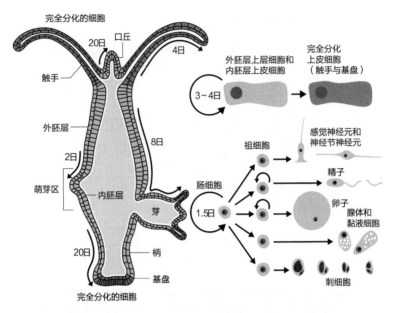

图 1-3 水螅（H. vulgaris）成虫的身体结构和构成身体的细胞
注：根据参考文献 38 的图 1 创建。

水螅

  水螅属于刺胞动物门水螅纲，其种类数占总数的一半左右（33）。在无脊椎动物的寿命排名中，第一名是珊瑚，第二名是一种大和水螅（最长寿命为 3572 年以上）。大和水螅是水螅属水螅的日语名称。

  首先，让我介绍一下这些水螅产生和衰老的机制（38）。图 1-3 展示了水螅（H.vulgaris）成虫的身体结构和构成身体的细胞，人们对这种水螅成虫的研究是最充分的。成虫体内完全分化的细胞以深灰色显示。成虫的身体通过基盘附着生长，由柄部支撑，顶部有触手和口丘。从身体中央的萌芽区，萌芽（buds）出现，可以无性繁殖。躯干主要由外胚层上皮细胞（外层）和内胚层上皮细胞（内层）组成，是无限增殖的多能干细胞。这些干细胞在相对较短的时间内分化为触手和基盘细胞，迁移并不断再生这些组织。此外，身体的上皮细胞之间存在间质细胞，它们也是多能干细胞，可分化为各种体细胞和生殖细胞（精子、卵子），如图1-3右侧所示。上皮细胞是具有无限增殖能力的多能干细胞，间质细胞也是多能干细胞并分化为生殖细胞，它们通过形成芽进行无性繁殖，这是这种水螅的显著特征，正因为如此，水螅也被认为是不老不死的。

在同一属水螅中，还已知一种在有性繁殖后观察到衰老和死亡的物种（H. oligactis）。图1-4比较了两种水螅H. vulgaris和H. oligactis种群的存活曲线。在进行观察的4年中，H. vulgaris持续进行有性和无性繁殖，但死亡率极低，几乎没有个体死亡。相比之下，H. oligactis被诱导有性生殖之后，生存最长不超过一年。据认为，该物种在一定条件下只发生无性繁殖的话，它还能存活很多年。

接下来，介绍使用两种水螅属水螅（H.magnipapillata和H.vulgaris）进行的长寿原因探究的比较研究（21）。在这项研究中，7个水螅组维持在德国实验室（H.magnipapillata），在本实验开始时，每个实验组有 204 个体，另外 3 个水螅组维持在美国实验室中（H.vulgaris），每个实验组有 150 个体或 120 个体，一共进行了 8 年的观察。这些群体中一年内个体的自然死亡率极低，从 0.0008 到 0.0080 不等。最低值 0.0008 是一组 H.magnipapillata 的值，假设这种情况继续下去，当存活率为 5% 时，该组的存活年数估计为 3572 年。H.vulgaris 组的最低年死亡率为 0.0016，该组 5% 的存活率时的存活年数估计为 1893 年。这些值就是显示在表 1-3 和本章上一节中，作为对两种水螅物种最长寿命的估值。

本章集中介绍的是长寿的动物，由上述内容可知，一些脊椎动物可以存活大约 400 年，而形成群落的无脊椎动物甚至可以存活超过 4000 年，这些事实基本上是近些年来的研究发现。超长的寿命当然是非常惊人的，同时，生物学研究的快速发展也由此可见一斑。

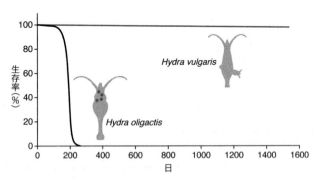

图 1-4　H.vulgaris 和 H.oligactis 两种水螅的生存曲线
注：根据参考文献 21 的图 2 创建。

第 2 章

存活 40000 年的植物

——植物的寿命

2.1 植物寿命排名

　　在接下来的表 2-1，列出的是已知的、长寿的各类主要植物。如同本书第 1 章中的动物列表，植物也按照大类分组。按大类分的话，植物主要有三大类，即藻类、苔藓植物和维管植物，维管植物细分的话，还可分为蕨类植物、裸子植物和被子植物（33）。藻类被认为是最原始的植物，也包括很多种类，但目前还没有找到寿命很长的藻类。关于苔藓植物，有记载称南极洲海中有一座象岛，岛上有大约年龄 5500 年的苔藓（40），但年龄和物种名称都不确定。表 2-1 主要列出了经过放射性碳素断代或年轮计算过的植物，其年龄相比较而言是可以确定的，大部分属于维管植物（拥有维管束的植物）中的裸子植物或被子植物。

　　维管束是条状组织，贯穿分布在植物的茎、叶、根等各个器官，充当水和物质在植物体内运行的通道。此外，在种子植物中，胚珠未被心皮覆盖的植物是裸子植物，被覆盖形成子房的是被子植物（33）。

表 2-1 已知的各种植物的最长寿命

植物的分类与种类	最长寿命	植物的分类与种类	最长寿命
苔藓植物（门）		维管植物	
桧叶金发藓	10 年[1]	**●被子植物双子叶植物**	
维管植物		拟南芥	约 3 个月[3]
●蕨类植物		蓝莓	25 年[1]
兔脚蕨	7 年[1]	葡萄	130 年[1]
扇羽阴地蕨	30 年[1]	苹果	200 年[1]
●裸子植物		山毛榉（长野）	435 年[5]
萨哈林云杉（北海道）	586 年[5]	水楢（北海道）	444 年[5]
日本南部铁杉（屋久岛）	794 年[5]	玉蕊科的一种（热带亚马逊）	1400 年[5]
日本云杉	800 年[5]		
日本扁柏（屋久岛）	1065 年[5]	蓝花楹 *（巴西）	≥3801 年[42]
绳文杉（屋久岛）	1920年 ± 150年[39]	Larrea tridentata 墨西哥三齿拉瑞阿 *（美国）	11700 年[43,44]
阿拉斯加扁柏（美国）	3500 年[5]		
智利柏（智利）	3620 年[5]	Lomatia tasmanica *（澳大利亚）	43600 年[40,43,45]
五叶松（美国）	5062 年[40]		
唐桧（瑞典）	9550 年[40,41]	**●被子植物单子叶植**	
		物寒菅 *（美国）	5000 年[46]
		锯棕榈 *（美国）	约 10000 年[47]

注：* 是群落植物。括号中的数字表示书末参考文献列表中的编号。

第 1~3 名：群落植物

在表2-1中，寿命最长的是一种名为Lomatia tasmanica（卷首图10）的双子叶植物，属于山龙眼目、山龙眼科。这种野生植物是一种非常珍贵的物种，目前仅在澳大利亚的塔斯马尼亚岛上有所发现。这种植物有时会开花，但是种子却看不到，换句话说，这种植物是无性的，靠根系等方式繁殖，在地面上数百棵全部相连，形成长达 1.2 千米的植物群落（45）。这种植物乍一看像针叶树或草，但正如它开花的照片中显示的那样，叶子虽小但是阔叶，植物体长最高可达 8 米（40），属于树木，与其他各种植物混合在一起，像灌木一样生长。

从该植物与同属的近缘种的染色体比较可知，该植物是三倍体，因此不能产生种子，也没有得到广泛传播。另外，对该植物野生植物体各部位采集的样本进行染色体基因型和同工酶类型（具有多种基因型的酶）检测，完全检测不到遗传多样性。这种从单亲植物无性繁殖和连接的遗传同质植物集合被称为"克隆（clone）"或"基因（genet）"，类似于在珊瑚等长寿动物中发现的群落，本书将植物的"克隆"也称为群落。这种植物的叶子化石已被发现，通过放射性碳素测量的结果，估计有 43600 年的年龄，因此这种植物的最长寿命推断至少有 43600 年（45）。在塔斯马尼亚植物园（Royal Tasmanian Botanical Garden），用其切下的树枝做插条，栽培了很多相同的植物。

寿命第二长的是墨西哥三齿拉瑞阿（Larrea tridentata，卷首图 11），发现于美国加州的莫哈韦沙漠。这种植物是双子叶的无患子目蒺藜科的常绿灌木之一，也是一种群落植物，最大可形成直径超过 20 米的不规则圆形群落。这种植物在莫哈韦沙漠有数个群落，其中最大的群落从生长速度上估计有 11700 年的历史，这个年龄据说与通过放射性碳素推测的年龄基本一致（44）。

寿命第三长的植物是一种名为锯棕榈（Serenoa repens）的单子叶植物。它是美国东南部植物生态系统的基本物种，但被认为是入侵农场之后即需要消灭的有害植物。通过 PCR（聚合酶链反应）扩增的基因限制性内切酶片段长度，对从佛罗里达森林的 20 米 × 20 米区域采集的总共 263 个锯棕榈样品进行了基因分型，结果发现，许多样品的基因型基本相同，大多数植物形成了一个群落。此外，从这些基因型的突变频率来看，估计大多数锯棕榈群落大约有 1 万年的历史（47）。如果这个推断是正确的话，那么它的最长寿命可能比 1 万年更长一些。

第 4~6 名：拥有众多长寿树的针叶树

寿命第四长的植物是裸子植物唐桧（Picea sp.，卷首图 12）。这张照片中的唐桧是 2004 年在瑞典达拉纳地区被发现的，通过放射性碳素测量推定树龄是 9550 年（40）（41），另有文献（50）指出它的树龄是 9561 年。在这棵树周围，还有 20 棵据推测树龄在 8000 年以上的唐桧。多数裸子植物的叶子像针一样细，因此被称为针叶树，但唐桧是松杉目松科家族的常绿针叶树。这棵树如果是欧洲唐桧（Picea abies）的话，可能会形成群落（43），另一份文献（50）指出这棵树就是欧洲唐桧，并指出卷首图 12 中的树龄大约是 600 年。这棵树看起来虽然比较年轻，但推定应该是有道理的。在日本，唐桧自然生长于本州海拔 1500 米以上的山区，是北海道自生鱼鳞杉的变种（51）。

寿命第五长的植物是五叶松（Pinus longaeva，英文名Bristlecone Pine，卷首图 13），也是针叶树，是松杉目松科松树的一种。卷首图 13 上的这张照片是美国加利福尼亚州海拔3000 米以上高地（内华达山脉的白山）中的一棵树，类似的树在周边和附近的内华达山区很常见。这些树木的年龄是通过测量被砍伐木材的年轮或放射性碳素来确定的，寿命最长的为5062 岁。根据砍伐后树桩的年轮测量的较长树龄还有 4844 年（40）的，此外还有树龄 4862 年的（5）。这个地区目前应该还有不少树龄 5000 年左右的五叶松。这种五叶松据认为是单株植物中寿命最长的。

寿命最长第六长的植物是物寒菅的一种（Carex curvula，约 5000 年），第 7 名是蓝花楹（Jacaranda decurrens，3801 年以上），都是被子植物群，但第 8 ~ 10 名都是裸子植物针叶树，分别是智利柏（3620 年）、阿拉斯加扁柏（3500 年）、绳文杉（1920 年 ±150 年）。绳文杉（卷首画 14）在日本很有名，很多人都熟悉它。在屋久岛的高地上，据说有很多树龄超过

1000年的绳文杉。图中这棵绳文杉的高度为25米，离地高度1.3米处的树干周长为16米，是日本具有代表性的巨树，据说树龄有7000年（54），但是使用放射性碳素测量的结果显示它的最长寿命目前为2170年（39）。和其他长寿树一样，这棵绳文杉目前还存活着，最终寿命可以达到多少年，目前尚不可知。除了绳文杉，屋久岛上还有两棵巨树，分别是大王杉和纪元杉，推定树龄均超过了3000年，其确切性尚不可知。另外，表2-1中绳文杉以外的其他植物的寿命应该也有"±××"年的误差范围，但因我没有掌握数据，只能暂且作罢。

杉树

杉树，包括杉树和松树，占裸子植物或针叶树的比例非常大。在日本常见的杉树是日本柳杉（Cryptomeria japonica），其学名中包含"日本"字样，或许这种杉树是日本的原产树种吧？《巨树·巨木》（54）列出了日本各地15棵巨大的杉树（政府环境厅对大树的定义是，离地1.3米处树干周长在3米以上）。在这本书里的清单中，杉树与樟树和樱花树并列，都是日本最常见的大树，书中收录的15棵杉树中树龄超过1000年的有11棵，其中有6棵被指定为国家级天然纪念物。之所以受到这样的指定，可能是因为杉树的寿命很长，而且它是日本数量最多的树种。杉树人工林在日本占地448万公顷，占人工林的40%以上，占森林总面积的比例也最大，达18%（55）。

杉树的天然林面积不详，但和杉树人工林合计的话，应该占森林总面积的 20% 以上。杉树成长很快，作为木材非常优良，但会导致花粉症，对我而言，有些喜欢不起来。此外，据说杉和柏等针叶树的人工林作为生态系统的多样性很差，动物也很少。

其他具有长寿潜力的植物

到目前为止，我引用了 *The Oldest Living Things In The World*（40）对长寿植物的一些描述，在关于群落植物的综述（43）里，也介绍了一些可能很长寿的植物，但因为并非非常确切，因此未在表 2-1 中列出。其中，推测寿命最长的是波喜荡草（地中海带状海草，Posidonia Oceanica），寿命估计为10 万年。这种草广泛分布在地中海的西班牙属巴利阿里群岛的伊维萨岛和福门特拉岛之间，被联合国教科文组织指定为地中海独有的重要物种。对它的持续研究表明，非常广大面积内的植物具有相同的基因型，可以被认为是一个非常古老的群体。此外，这种草虽然生长在海里，但也不是所谓的海藻，而非常像陆地上的草，所以特别罕见，但是，年龄的证据尚不清晰。（40）

另外，在上文关于群落植物的综述里还提到，一种叫作哈克贝利的美洲越橘（Gaylusaccia brachycerium）的寿命有 13000年以上，杨柳科里辽杨（Populus alba）的寿命有 12000 年以上，另一种杨树（Populus tremuloides）的寿命也有 12000 年，桧树的寿命有 10000 ~ 12000 年。这些植物都是群落植物，根据突变频率，会出现估计值变化范围很大的可能，因而无法确定其确切寿命。植物长寿的因素，包括针叶树有很多长寿树木的原因，以及群落植物长寿的原因等，将在后文介绍。

2.2 草本、木本及其种类

在表 2-1 中列出的植物中，寿命最短的是拟南芥（Arabidopsis thaliana 图 2-1），约为 3 个月，是非常重要的遗传学研究材料。拟南芥属于双子叶植物白花菜目，是较为常见的植物，在日本各地都有自然生长。拟南芥是所谓的一年生植物，在正常情况下，所有植物都会在冬天死亡。

植物大致分为草（草本）和木（木本）。草本可进一步分为一年生、二年生和多年生植物。一年生草本植物是种子发芽后一年内生长、开花、结果，并留下种子，进而枯萎的植物（57）。由于其自然性质，世界上任何地方都可生长的一年生植物包括牵牛花、向日葵、玉米、南瓜等。另外，有的植物虽然是热带等温暖环境中的多年生植物，但因生长环境等因素的影响，而成为一年生植物。如在日本很难越冬，而成为一年生的水稻、西红柿、向日葵、辣椒等，或者在日本很难度过炎热的夏天，成为一年生的雏菊和三色堇等（57）。

二年生草本植物是第一年形成茎、叶、根，然后进入休眠越冬，次年春夏开花，然后结果，留下种子，进而枯萎。生命周期跨越两年，且在两年内枯萎。二年生植物包括小麦、欧芹、甜菜、满天星、月见草、牡丹叶等，既有谷物、蔬菜，也有园艺植物（58）。

多年生草本植物有一类是冬季地上部分枯萎，但根、根状茎或球茎在休眠状态下存活，次年重新生长，可存活两年以上，还有一类是多年常绿草本植物。大多数菊花是典型的多年生植物，其地上部分在冬季枯萎死亡。常绿多年生植物包括薄荷和拖尾冰植物，球茎植物包括百合、郁金香、水仙花和大丽花等。（33）（59）

一些一年生、二年生和多年生植物根据环境条件相互转化，重要的粮食作物——水稻就是一个例子。同样重要的小麦原本只能在 1 年内存活，但如果在初冬时播种，它会在第二年结果并死亡，因此将其归类为二年生植物，也是一个很有趣的例子。

还有非常长寿的多年生草本植物，最长寿命可达 5000 年，寿命排名第 6 的莎草（Carex curvula）就是其中的一种，莎草属于莎草目，是一种单子叶植物，同属莎草目的还有水稻和小麦等禾本科植物。从照片和描述可以确定它是一种草本植物，它的高度不到 50 厘米，并且有细长的叶子（60）。这种莎草之所以寿命很长，可能是因为它像塔斯马尼亚的 Lomatia tasmanica 一样，形成了的群落。

图 2-1 白狗荠菜（转载自参考文献 56 的图 6.3）

木本植物的定义是茎和根大量生长形成大量木质部分，多数细胞壁因木化而得以加强的植物（33）。木本和草本植物之间存在这种差异的原因是形成层的存在与否。一般而言，一年生和二年生寿命都是短暂的，木本（树）的寿命自然更长。表2-1 仅列出了拟南芥等短命草本，但还有许多其他草本。木本里包括较矮小的乔木或灌木，还包括高大的树木，许多高大的树木寿命很长。寿命最长的 25 年的蓝莓是杜鹃花科越橘属的灌木，虽然寿命较之其他木本植物相对较短，但还是属于木本植物（59）。此外，还有阔叶树和针叶树、常绿树和落叶树的区别，它们的特性也存在差异。如上所述，寒冷地方多见的针叶树有很多是非常长寿的。

据研究表明，草本植物和木本植物没有本质的区别。比如竹子，没有形成层，应该说是多年生草本，但是被认为是木本（树木），实在是比较复杂。

2.3 什么是长寿群落植物

群落植物的例子

　　植物里最长寿的前四名分别是 Lomatia tasmanica、墨西哥三齿拉瑞阿、锯棕榈和唐桧，它们都是群落植物。群落植物（英文名称 clone、clonal Colony 或 genet）是遗传同质的植物集合，从单亲植物无性繁殖，连接在一起。哪怕是草本植物，如果形成群落，也能像莎草一样有很长的寿命，这是个非常有意思的现象。让我们来梳理一下这种群落植物的特点，并且看看还有哪些群落植物。

　　群体植物可以是几个或许多植物的集合，这些植物乍一看似乎是独立的，其实是由根、根茎、地上茎等连接在一起的。作为群落植物组件的单元植物体称为分株（ramet）。图2-2是一幅展示白杨（Populus tremuloides）通过根繁殖成群体的示意图。卷首图 15 中的杨树林被称为 Pando，位于美国犹他州，由于所有这些树木都具有相同的遗传类型，因此它们被认为是连接在一起的一个群落。据估计，这些杨树的最大高度约为30米，占地约43公顷（43万平方米＝0.43平方千米），有47000棵树，重达580万千克。分株树（ramet）会在100～150年内死亡，但整个群体的寿命估计为11000～80000年（19）（40）。然而，对这种群落寿命的估计没有确切根据，并不十分可靠，因此没有包含在本书表2-1或本书第2.1节中。该群落似乎是所有已知植物中总重量最大的，像这样高大树木的群落是比较罕见的。

其他可以形成群落植物的有：木本包括云杉、红松、榆树、刺槐、漆树、榛子、柳树、无花果、紫藤、山吹、连翘、蓝莓等。草本包括一枝黄花、红薯、草莓、德国鸢尾、三叶草、锡安、蒲公英、Sasa kurilensis、Aglaopheniidae、香蒲等，以及蕨类植物包括鹿角蜥蝎、蕨菜和鳗草等（43）（62）（63）。这里只列出了一般大家比较熟悉的植物，实际上，还有许多其他的群落植物，裸子植物、被子植物、双子叶植物和单子叶植物这些主要植物类别也属于群落植物。

在此处列出的植物中，无花果也被描述为不开花的果实，并且是无法播种的不寻常植物，因为即使花朵盛开并结果，也没有授粉的过程（51）。既然不能播种，于是它采取的策略就是以群落的形式增加个体。

我们周围最突出的群落植物是竹子。竹子与水稻同属单子叶草科，在分类上，属于草科竹亚科的植物被称为广义的竹子。另外，包裹竹笋的外皮随着生长而落下的种类归为竹子，不落下的种类归为竹草。据说仅在日本就有真竹、孟宗竹、轻竹、女竹、布袋竹等 150 多种。我们吃的竹笋大多来自毛竹或八竹，毛竹是我们最熟悉的品种，所以展示在卷首图 16 中。这种毛竹是日本最高大的竹子，高约 20 米，直径约 18 厘米，据说 18 世纪初由中国传入日本（51）（64），因此，即使是日本最古老的毛竹林，也应该不到 300 年。

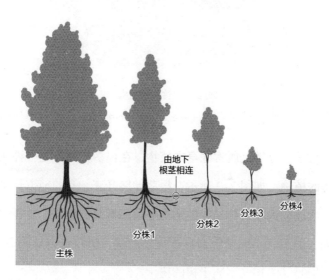

图 2-2　杨树群落示意图

注：根据参考文献 19, p.73 中的图创建。

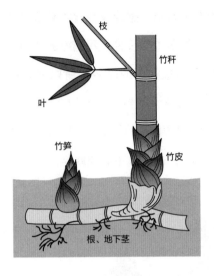

图 2-3 竹子的结构
注：基于参考文献 65 绘制。

竹子在分类上属常绿草本植物，在很多方面都是一种相当独特的植物。如图 2-3 所示，根茎伸展开来，有的地方长出竹笋，继而成为新的竹子，这是竹子形成群落的证据。竹秆结构坚固，有节，不同于普通草本植物的茎，所以可以长到 20 米高，但是其结构又不同于树的树干。

据说竹子很少开花。开花可能发生在竹林的一部分，也可能是整片竹林，据说整体开花的话，持续数年之后会全部枯死。还有一种理论认为这种竹子的开花周期为 60 年、120 年等。据说真竹每 120 年开一次花，孟宗竹已知的开花例子只有两例，是在第 67 年开花的。竹子即使开花，也可能无法留下种子。目前我们对竹子开花这件事还知之甚少（62）（65）。出于这个原因，竹子被认为是通过扩大根茎形成群落的。我家附近有一片可能是淡竹的竹林，有数千棵竹子，我推测它们都是一个群落，如果从不同的地方取 20 ~ 23 棵的样本提取 DNA 并分析基因型的话，应该是能证明的。

群落植物的特征与优势

目前尚不清楚群落植物在总植物中所占的比例，可能是其中相对的少数派。那么一般来说，群落植物有哪些特点和优势呢？我们参考一篇关于群落植物的综述（63）来介绍一下。

群落植物的基本特点是，分株（ramet）通过根、茎、根状茎等连接，营养物质和植物激素通过其中的维管系统在各个部分之间进行交换。后者已通过放射性同位素标记和染料实验得到证实。并且由于这种生理联系，各分株（ramet）利用有利的条件吸收养分、进行光合作用、合成代谢物等，在一定程度上实现了整个群落植物功能的分工。位于群落末端的分株也起着将群落扩展到新的土地的作用。

群落植物的优势大致有以下四个方面：

1. 竹子、无花果、Lomatia tasmanica 等植物很难或者根本无法结种子，因此，对这样的植物而言，通过群落增加数量就是必不可少的。不开花不接种的原因是进化过程中发生的突变等遗传变化，一般都会在一定程度上发生。

2. 低养分土壤生长的分株可以获得高养分土壤生长分株传递的滋养，于是植物整体获得更多的营养，以下事实可以证明这一点。当在氮源贫乏的土地上的一个分株与另一个氮源丰富的分株相连时，其重量、新产生的分株的数量以及产生的种子的数量，都有所增加。当不同营养条件的分株之间的连接断开时，分株的重量会减少，但营养条件相同的分株之间即便断开，也不会发生这种情况。

3. 当一些分株受到盐害、沙土掩埋、强风、牲畜等动物的摄食破坏而形成压力时，其他受到压力较小的分株可以帮助缓解压力，就如同营养状况不佳时的相互助力一样。

4. 有一些已知的例子显示，群落有利于种间竞争，特别是与不形成群落的其他植物的竞争。然而，这并不常见，似乎取决于物种和条件。如果群落在种间竞争中具有优势，那么一般是因为它们更早地进入了新土地的缘故，而并非直接赢得了竞争。

* * *

在本章中，我们看到一些群落植物的寿命比动物长很多，这是一个很有意思的现象，而且我们也看到，和动物一样，植物也具有多样性。

第 3 章

小鼠等哺乳动物的寿命

1935 年报道了一项关于动物寿命的实验研究（66），实验对象是老鼠（实验大鼠），这是人类首次进行的相关实验，这意味着关于动物的寿命已不仅仅是调查，而且进入了实验研究阶段。之后，在 1960 年左右开始使用果蝇展开研究，迄今为止已经进行了许多此类研究。此外，从 1980 年左右开始，线虫寿命的研究也开始出现，由于其作为寿命研究材料具有相当的优势，从 1990 年左右开始，发表了许多高端的研究。最近，关于小鼠和人类等哺乳动物寿命的研究也非常活跃。

搜索有关动物寿命的研究论文（标题中带有"寿命"一词的论文）发现，这个数字远远超出了我的预期，非常巨大。关于人类的研究约有 900 篇，关于小鼠等哺乳动物的约有 1000 多篇，关于果蝇的约有 800 多篇，关于线虫的约有 300 篇，仅这些内容合计就有超过 3000 篇的论文了。

在本章中，我将介绍一些关于哺乳动物，特别是小鼠寿命的代表性研究，这一类内容与我们人类有较密切的关系，在下一章，将介绍关于人类寿命的研究。

3.1　小鼠寿命研究的特点

小鼠的成体体重约为 20 克，是最小的哺乳动物之一，但由于其体形小，且易于繁殖和实验，所以作为哺乳动物的模型动物被大量使用。此外，作为哺乳动物使用的实验模型动物还有体重更大的大鼠，以及接近人类的猴子（灵长类动物）。正常小鼠在饲养条件下的平均寿命为两年左右，在哺乳动物里是非常短的，线虫的寿命是两周，黑腹果蝇寿命是 30~40 天，小鼠的寿命是这两种动物的 20~50 倍，但是，研究寿命被认为至少需要 4 年，满足这个条件本身就相当不易。

近些年来，缺乏特定基因功能的基因敲除小鼠被繁殖出来，并成为研究基因寿命调控功能的重要研究工具。此外，将与小鼠原有基因不同的基因导入小鼠并过表达，或者仅在特定器官或组织中表达，这一类研究也在进行中。

在 2009 年的综述（67）文章中，针对大约 20 例由于基因操作而延长了寿命的小鼠研究，给予了各个方面的评估，其中显示了关于小鼠寿命研究的六点注意事项，这也是小鼠寿命研究的重要特点。 ①由于实验中使用的一些小鼠具有不同的遗传背景（基因型），因此应该使用具有统一遗传背景的种群。

②实验需要使用足够数量的小鼠。一般而言，一组需要 20 个以上的个体才能获得统计上可靠的结果。③妥善管理，防止病原体感染。④寿命会因性别而不同，因此需要将雄性和雌性单独分组进行实验。⑤每日观察，检查准确的寿命。⑥不断观察和了解小鼠的健康状况。特别是当出现死亡时，需要确定死因是否由特定疾病引起。

综述中提及的 20 例研究，几乎没有一例可以满足上述全部事项，说明研究小鼠寿命的难度还是相当大的。

许多关于小鼠寿命的研究表明，哺乳动物与无脊椎动物显著不同的，应该是脑垂体与致癌基因 MYC 和寿命之间的关联与否。与此同时，卡路里限制对寿命影响的相关研究也进行了很多，利用线虫和果蝇的此类实验也相当常见。此外，通过在食物中添加特定物质来延长寿命也是可能的，这类实验与人类应用的相关性也获得了关注。以下介绍的是其中一些具有代表性的研究。

3.2 延长基因敲除小鼠的寿命

在基因工程小鼠寿命延长的例子中，延长率最高的是名为 Ames Dwarf 的小鼠（68）。让我们看一下图 3-1，它显示了 Ames Dwarf 小鼠和野生型小鼠的雄性和雌性的生存曲线（其中 Ames Dwarf 雌雄各 34 只，野生型各 28 只）。野生型雄性的平均寿命为 723 天，雌性的平均寿命为 718 天，与之相对照的是，Ames Dwarf 小鼠雄性的平均寿命是 1076 天，雌性为 1206 天，雄性延长了 49%，雌性延长了 68%，平均延长约 60%。两只 Ames Dwarf 雌性存活了 4 年多。

Ames Dwarf 小鼠出生时垂体前叶完全或大部分缺失，垂体前叶是负责分泌生长激素、催乳素和促甲状腺激素的，结果，出生时的体形是正常的，但随后的生长明显受阻，最终的体形只有正常个体的 1/3 左右。在本书中，起生长激素介导促进作用的胰岛素样生长因子 IGF-1 水平显著降低，这是减缓 Ames Dwarf 小鼠生长和延长寿命的主要因素。此外，由于促甲状腺激素缺乏导致的代谢率降低也可能是原因之一。还有一种与 Ames Dwarf 不同的染色体突变的侏儒小鼠，叫作 Snell Dwarf，它缺乏同样的三种激素，也被报道延长了寿命［综述中的一个例子（67）]。虽然寿命得以延长，但因为伴随着身体极小等重大异常，也远非理想状态。

　　还有研究显示，同样是 Ames Dwarf 小鼠，限制了热量摄入之后，寿命得以进一步延长（69），图 3-2 是生存曲线的结果。将卡路里限制 70% 可显著延长野生型和 Ames Dwarf 小鼠的寿命，该结果适用于雄性和雌性小鼠。此外，也有论文显示，与上述论文中的养殖条件不同，且没有热量摄入的限制，小鼠寿命也得到了延长，较之前者的雌雄平均 1100 天，后者约 1000 天。但是，对基因长寿突变体实施卡路里限制可以进一步延长寿命这一事实，在线虫或果蝇中都没有出现过，这个研究应该是一个有价值的结果。

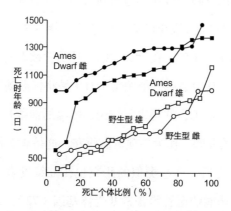

图 3-1　野生型小鼠和 Ames Dwarf 小鼠的雄性及雌性的生存曲线
注：根据参考文献 68 的图绘制。

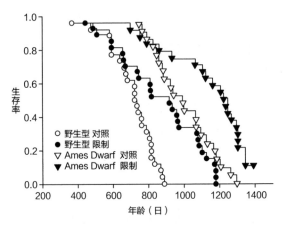

图 3-2　野生型小鼠和 Ames Dwarf 小鼠限制 70% 卡路里分别对其寿命的
延长效果图

注：根据参考文献 69 的图 1 绘制。

2009 年综述中除了关于基因操作的增寿研究，还提到了其他的一些研究，例如，敲除生长激素受体基因，过氧化氢降解酶过氧化氢酶的线粒体过量过度表达（70），抗衰老激素 Klotho 的基因过量，线粒体膜上的表达，氧化磷酸化分离呼吸的解偶联蛋白（UCP2）在表达大脑下丘脑食欲素的神经元中的过度表达等。其中最后一个例子（71）是将恒温动物小鼠的体温降低 0.3℃~0.5℃，并得出的结论，体温的细微差异是延长哺乳动物寿命的原因。作为一项寿命研究，这是非常独特的。

2009 年之后，一些类似的研究也在陆续发表。如对调节血压等重要功能的血管紧张素Ⅱ受体基因（72），或者伤害感受器 TRPV1 进行基因敲除（73），从而延长了寿命的研究等。

3.3　癌基因 MYC 与寿命

MYC 是后生动物（意为动物、植物，与原生动物相对比而归类）之间高度保存的转录调节剂。MYC 基因首先在 MC29 禽髓样前体细胞癌病毒中被发现，随后作为伯基特淋巴瘤中激活的细胞原癌基因（突变导致细胞癌变）被发现。据报道，MYC 蛋白的过度表达强烈促进细胞增殖，并经常发生在人类的各种癌症中。不仅如此，MYC 还直接调控占所有基因 15%~20% 的基因的表达，包括核糖体形成、细胞周期、细胞分化、代谢等重要的生命活动中所含的基因。因此，MYC 敲除小鼠在发育早期就会死亡（胚胎致死）。

此外，MYC 的过度表达还会产生促使各种生物分子发生氧化的活性氧分子，并造成 DNA 的损伤，从而加速衰老。因此，如果能够降低 MYC 的表达，就有可能抑制衰老，实现长寿。事实上，当创造了一个杂合子，其中只有一条染色体上的 MYC 基因被敲除时，小鼠虽然体形变小了，但非常健康，寿命也延长了。寿命的中位数雄性增加了 20.9%，雌性增加了 10.7%（74）（图 3-3）。将杂合子小鼠的各项指标与正常小鼠进行对比，发现杂合子的整体代谢活性更高，脂肪代谢可以恢复活力，健康寿命得以延长。此外，伴随核糖体形成减少，蛋白质合成也随之减少，而蛋白质合成减少与寿命成反比，被认为是寿命延长的主要原因。降低MYC表达的整体效果如图3–4所示。

MYC 应该也存在于线虫和果蝇中，MYC 的表达减少预计也会延长它们的寿命。然而，这两种动物的寿命原本就很短，因此可能不会导致癌症，但是对哺乳动物而言，癌症是一个大问题，这是产生这一类研究的直接原因。

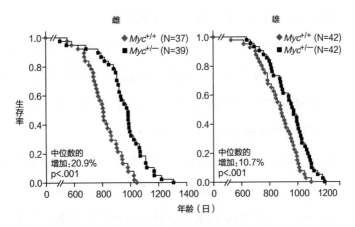

图 3–3　野生型小鼠(MYC +/+)和灭活一条染色体上的 MYC 基因的小鼠
　　　　(MYC +/−)的存活曲线
注：基于参考文献 74 的图 1B 绘制。

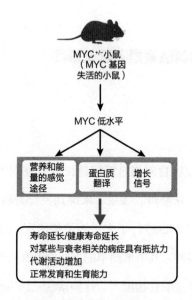

MYC$^{+/-}$小鼠
（MYC 基因
失活的小鼠）

MYC 低水平

| 营养和能量的感觉途径 | 蛋白质翻译 | 增长信号 |

寿命延长/健康寿命延长
对某些与衰老相关的病症具有抵抗力
代谢活动增加
正常发育和生育能力

图 3-4　MYC（MYC 蛋白）的表达降低引发的寿命延长等结果

注：基于参考文献 74 的论文摘要绘制。

3.4 通过限制热量摄入延长寿命

据说饮食或饮食限制是能够延长所研究的各种生物体寿命的唯一共同点，从酵母、线虫、果蝇到灵长类动物，没有例外，对小鼠等哺乳动物也进行了大量的类似研究。这种限制饮食的实验方法有很多种，其中最简单的方法就是在合理的时间内、每天减少一定质和量的食物摄入。这种饮食限制也称为热量限制。

对小鼠的影响

首先，我想介绍 2012 年的一篇综述（75），它总结并比较了自 1934 年以来的小鼠与大鼠的相关研究。图 3-5 显示的是小鼠和大鼠的雄性和雌性的平均寿命和最长寿命的比较，由此可以看出，除了雌性的最长寿组之外，其他各组的大鼠都通过限制热量的摄入相当大程度延长了寿命。关于中位寿命的延长，图中显示雄性和雌性统合计算的话，大鼠约 30%，小鼠约 15%，在综述文的记述显示，一半的实验大鼠增加了 14%~45%，而小鼠则增加了 4%~27%。此外，小鼠的近交系实验效果没有杂交系有效，有些种类的近交系小鼠通过热量限制不但没有表现出寿命延长，反而缩短了寿命。由此可见，小鼠的遗传（基因组）不同，其结果也不同，这是因为哺乳动物是有着庞大而复杂的基因组的高等动物。此外，综述提及的野生小鼠的研究只有一项，其结果显示热量限制并没有改善寿命中间值。其他所有研究都使用了属于多年培育系统小鼠，不可避免地会影响结果。

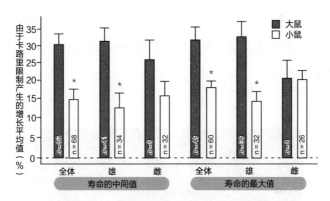

图 3-5　由于热量限制，大鼠和小鼠的寿命增加的中间值（左）和最大值（右）
注：这是 1934 年以来 53 次大鼠实验和 72 次小鼠实验结果的总结。柱形内部的数字表示基础实验的数量（基于参考文献 75 的图 1 绘制）。

对猴子的影响

一些研究也报道了热量限制对灵长类动物（猴子）寿命和衰老的影响。虽然小鼠和大鼠的研究结果也很可能基本适用于人类，但这些啮齿动物和人类在分类上还是相距较远。例如，人类比老鼠重约 3000 倍，平均寿命相差约 30 倍（分别为约 2 年和约 70 年），因此，需要对与人类非常接近的猴子进行研究。在这里，我想介绍一项非常重要的相关研究（76），这是多年来在美国灵长类动物研究所（WNPRC）完成的，耗时 20 年，这表明对猴子进行全面研究是多么困难的一件事。这个研究使用的是原产于东南亚的恒河猴（Macaca mulatta），恒河猴是生物和医学研究中经常使用的猴子之一，圈养平均寿命约 27 年，最长寿命约 40 年，成年猴体重约 10 千克，比起啮齿类动物，更接近人类。猴子研究需要很长时间是由其较长的寿命决定的。

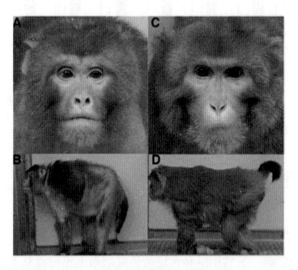

图 3-6 恒河猴对比图

注：恒河猴（27.6 岁）（A、B）和同龄但有热量限制的猴子（C、D）典型对照的照片（转载自参考文献 76 图 1）。

图 3-6 的左侧（A 和 B）是一只没有热量限制且接近平均寿命的 27 岁的老年恒河猴的照片，脱发比较严重。相比之下，右侧（C 和 D）是另一只同龄恒河猴的照片，看起来要年轻得多，它多年来一直被限制热量的摄入量。该实验于 1989 年开始，使用 7 ~ 14 岁的雄性恒河猴 30 只，5 年后，增加了 30 只雌性和 16 只雄性，截止到 2009 年，观察并比较了热量限制组和非热量限制组（每组 38 只动物）20 年或 15 年（基于每个个体的年龄、体重和平均每日饮食的实验前数据，无偏见地进行分组）。对于热量限制组，每只猴子的起始食物摄入量每月减少 10%，3 个月后减少 30%，此后延续这个热量。

图 3-7（A）为实验整体图，其中以竖线表示每个中途死亡个体的死亡时间。对照组死亡的猴子总数为 21 只，热量限制组为 14 只，实验结束时的存活率明显不同，分别为 45% 和 63%。对于死去的猴子，进行了详细的尸检以确定死因，并区分与衰老相关的疾病和非衰老相关的疾病。结果，在 20 年或 15 年间，对照组 38 只猴子中有 14 只（37%）因衰老关联性而死亡，而热量限制组 38 只中有 5 只死亡（13%），远低于前者。图 3-7（B）是显示老龄化相关死亡率与死亡率之间关系的图表。非衰老相关死亡（对照组 7 只，热量限制组 9 只）的死因是麻醉、胃肿胀、子宫内膜异位症和外伤（损伤）。包括这些在内的所有的死亡年龄与死亡率之间的关系如图 3-7（C）所

示，但两组之间没有显著差异。

WNPRC 对与恒河猴衰老相关的疾病进行了深入研究，其中糖尿病、癌症和心血管疾病是最常见的。这些都是人类常见的所谓成人病和生活习惯病，从这点来说，猴子的确是对人类研究有意义的模型动物。研究还涉及了热量限制对这些疾病发生的影响，结果如图 3-8（A）所示，热量限制组各个疾病的发生都较少。较之对照组，热量限制组的癌症发生数只有前者的一半，对照组的 16 只恒河猴变成了糖尿病或糖尿病前期，但在热量限制组中没有发现与糖尿病相关的血糖异常。图 3-8（B）显示了总体发病率与年龄的关系，热量限制的效果很明显。

热量限制的其他影响主要是由于脂肪减少引起的体重减轻、肌肉减少的缓解和新陈代谢的改善，例如胰岛素敏感性的改善。整个研究得出的结论是，成年之后，约 30% 的热量限制是适度的，可以减少与衰老相关的疾病并延长灵长类动物的寿命。这对我们人类具有非常重要的参考意义。

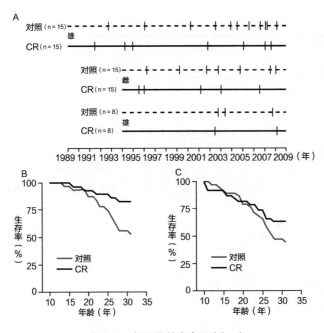

图 3-7　恒河猴的寿命研究（一）

注：（A）研究总体规划。对照组猴子用虚线表示，热量限制（CR）猴子组用实线表示，个体猴子的死亡用垂直线表示。（B）生存曲线显示被认为与衰老相关的死亡，不包括意外死亡。（C）生存曲线显示所有死亡（根据参考文献76的图2绘制）

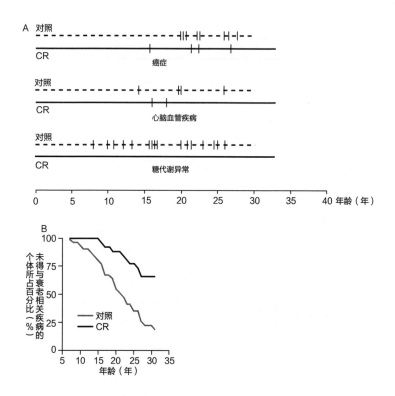

图 3-8　恒河猴的寿命研究（二）

注:（A）热量限制（CR）对癌症、心血管疾病和糖代谢异常的影响。垂直线显示对照组（虚线）和 CR 组（实线）中每种疾病的发病情况。（B）显示未得与衰老相关疾病的个体比例的曲线（根据参考文献 76 的图 3 绘制）。

3.5　营养素和进餐次数等的影响

减少食物的摄入量也称为热量限制，很容易被误解为对长寿有不良影响，但情况并非一定如此，当然，有必要研究膳食量以及营养成分的种类和比例对长寿的影响，正因为这个原因，相关研究也就变得非常重要。

碳水化合物与蛋白质的比例

最先发表的关于饮食和营养对寿命影响的研究，应该是针对一种苍蝇进行的研究（77）。研究内容是用卡路里恒定的饮食，选定28种食物，改变碳水化合物和蛋白质的比例，观察其效果。实验结果显示，在一定范围内，比例越高，寿命越长，21∶1的比例寿命最长。也就是说，碳水化合物的比例越高，寿命越长。总的来说，卡路里越低，寿命越短。

接下来，我详细介绍一下关于更高级的动物小鼠的研究（78）。在这项研究中，小鼠在蛋白质（5%~60%）、脂肪（16%~75%）、碳水化合物（16%~75%）和卡路里（8、13、17kJ/g饮食）的各种组合中搭配25组进行终生饲养。这是一个大规模的与食物摄入、长寿、疾病等相关联的研究，由18人联名发表论文。本研究使用名为几何框架（Geometric Framework）的多元分析方法，研究了多种营养比例对寿命的影响。

研究结果之一是卷首图 17A，它显示了小鼠的平均寿命（以周为单位），图中用数字和线条显示。在左图中，横轴是蛋白质摄入量，纵轴是碳水化合物摄入量，图中表示寿命的线几乎是水平的，这一事实表明，决定了寿命的是碳水化合物/蛋白质的比例，或者碳水化合物的量，而不是蛋白质的量。并且，在调查的范围内显示，寿命越长，碳水化合物/蛋白质的比值越高（蛋白质的比率低）。右图显示了碳水化合物摄入量、脂肪摄入量和寿命之间的关系，显示寿命的线几乎是垂直的，这显示碳水化合物的摄入量非常重要，调查范围内的碳水化合物越多，寿命越长。在显示蛋白质摄入量、脂肪摄入量和寿命之间关系的中央图表中，各个饮食组合的寿命几乎是没有什么变化的。

卷首图 17B 比较了饮食中 9 个段量的蛋白质/碳水化合物的比值（0.07~3.01）所对应的生存曲线，其中寿命最短的是蛋白质/碳水化合物的比值为 3.01、1.65 时的寿命，这时的中位寿命约为 95 周（665 天），而比值为 0.07 和 0.1 时，中位寿命约为 125 周（875 天），寿命增加超过 30%。

卷首图 17C 中的图表比较了饲料能量密度三个级别（低

=8kJ/g、中 =13kJ/g、高 =17kJ/g）的存活曲线，它表示的是摄入的总热量对寿命的影响。比较的结果显示，热量在中间值时寿命最长，在最低时（中间值的 61.5%）寿命最短。结论是，作为小鼠长寿的一个重要因素，蛋白质/碳水化合物比值低的饮食比热量限制更重要。

在这项研究中，不仅研究了寿命，还研究了食物营养素对小鼠体重、血压等身体状况和身体成分的影响，研究对象为 15 个月（约 60 周）的个体。结果显示，蛋白质摄入量低的个体体重较轻（卷首图 18），喂食碳水化合物/蛋白质比值高的饮食，小鼠的血压较低（卷首图 19）。此外，碳水化合物/蛋白质比值高的饮食下，高密度脂蛋白（HDLc）增加而低密度脂蛋白（LDLc）减少。这些结果表明，低蛋白质比例的饮食不仅可以延长寿命，还可以改善多种指标的健康状况。

下一个问题是，产生这种影响的原因或机制是什么。这篇论文指出，氨基酸激活的 mTOR［哺乳动物雷帕霉素靶点（Target of Rapamycin）］在肝脏中通过蛋白质摄入被部分激活（磷酸化），血液中的氨基酸中，只有支链氨基酸（缬氨酸、亮氨酸、异亮氨酸）浓度相应增加。已知 mTOR 的激活表示身体开始进入衰老阶段，因此，低蛋白被认为会减少 mTOR 的激活，从而抑制衰老。

如果这种低蛋白饮食可以延长寿命的话，那么有可能是由蛋白质产生的某种氨基酸缩短了寿命。在这方面，目前有人发表了一篇针对大鼠的论文，表明减少名为甲硫氨酸的氨基酸，可以延长寿命。论文中提到（79），终生膳食甲硫氨酸限制的大鼠，其平均寿命比对照组长42%，最长寿命可长44%。据报道，由于甲硫氨酸的限制，小鼠的最长寿命也有所增加（80）。对于甲硫氨酸的作用机制，人们已经提出了数种可能性和基本原理（81）。

另据报道，在饮食中添加三种称为支链氨基酸（缬氨酸、亮氨酸和异亮氨酸）的氨基酸可使雄性小鼠的平均寿命增加12%（82）。据推测，这种支链氨基酸的加入促进了线粒体的产生和特定细胞及组织中寿命调节剂 sirtuin 1 的表达，这是延长寿命的原因。关于支链氨基酸，对小鼠和人类所起的作用有好有坏，据认为人类需要适量服用（82）。

进餐次数、饥饿等的影响

回顾人类饮食的历史，自从有了农耕生产，我们就开始根据收成每天吃一定量的食物了，而到了现代，一日三餐已成为常态。最近五十多年以来，糖、脂肪等高热量食物的摄入开始增加，与此同时，生活方式发生改变，越来越多的人开始坐着度过一天中大部分时间。近些年来，肥胖症和相关疾病的增加，被认为是疾病和死亡的主要原因之一，而其产生，即被认为是源自这种饮食习惯和生活方式（83）。图3-9显示了这些关系，由此可以看出，从 1950 年到 2010 年的 60 年间，美国平均热量摄入量由 2100kcal 增加到了 2800kcal，成年人肥胖率从 13% 增加到了 35%。图表还显示，同时期拥有汽车和电脑的家庭数量也在增加。

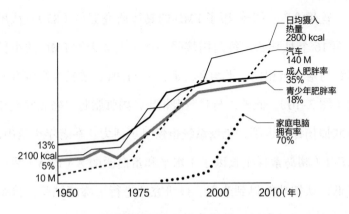

日均摄入
热量
2800 kcal

汽车
140 M

成人肥胖率
35%

青少年肥胖率
18%

家庭电脑
拥有率
70%

13%
2100 kcal
5%
10 M

1950   1975   2000   2010（年）

图 3-9　美国日均热量摄入量、肥胖人口比例、家庭电脑拥有率以及全球年汽车产量(M=100 万)的长期变化
注：根据参考文献 83 的图 1 绘制。

以上是热量限制对寿命影响的一般研究的基本情况，但图 3-9 揭示的主题是用餐次数、饥饿等对健康的影响。在这方面，每两天喂食的线虫间歇性饥饿已被证明可以延长寿命，在果蝇中也进行了类似的研究。然而，另一项关于饮食频率和饥饿的论述显示，同样实验在啮齿类动物身上的研究结果是喜忧参半（84）。每隔一天的饥饿对延长大鼠寿命有效，但对小鼠有可能无效，在某些情况下，甚至可能缩短寿命。小鼠饥饿时体重会立即下降，这可能是饥饿的负面因素。

因此，基于研究，人们开发了一种近乎饥饿的饮食（FMD），即降低蛋白质和糖，脂肪含量较高，热量控制在常规饮食卡路里10%~50%，并且在一个周期中连续4天投入。据说实施FMD，衰老和疾病的指标与只喝水2~3天是一样的。

这里介绍一个使用了FMD的具体研究案例（85）。从出生第16个月开始，每两周接受一次为时4天的FMD的小鼠组，与对照组相比，平均寿命延长了11.3%，最长寿命没有变化（图3-10）。此外，与对照组相比，内脏脂肪、癌症发生和皮肤损伤都减少了，免疫系统也恢复了活力。在老年小鼠中，IGF-1（胰岛素样生长因子）水平和蛋白激酶A（PKA）活性降低，认知功能得到改善。该研究还进行了临床试验，检查FMD对人类的影响，并报告了良好的结果。

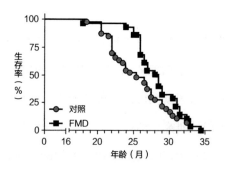

图3-10 喂食近乎饥饿饮食（FMD）的小鼠平均寿命的延长
注：基于参考文献85的图5A绘制。

3.6　通过药物延长寿命

　　已知一种名为白藜芦醇（resveratrol、3,5,4'-trihydroxystil-bene）的药物可以延长酵母、线虫和果蝇的寿命，甚至有研究表明，在保持雄性小鼠的高热量饲养过程中，添加这种药物也可以延长寿命（抑制寿命的减少）（86），图3-11显示了结果（给出生后一年的雄性小鼠喂食三种饮食中的一种）。可以看出，高热量饮食从脂肪中获取60%的热量，寿命比标准饮食更短，但加入白藜芦醇后，又恢复到与标准饮食几乎相同的水平。出生后114周（约2年2个月）时实验结束，高热量组死亡率为58%，但加入了白藜芦醇的高热量组和低热量组死亡率均为42%。统计分析表明，白藜芦醇可将高热量喂养小鼠的死亡率降低31%。延长了线虫等寿命的白藜芦醇类似于限制热量而延长寿命的情况，是一种脱乙酰酶（一种除去乙酰基的酶，用于修饰蛋白质等）Sir 2起了作用，推测在老鼠的情况下也是这样的。在小鼠实验中，白藜芦醇具有增加胰岛素敏感性、降低IGF-1水平、增加线粒体和改善运动功能等作用，被认为与延长寿命有关。由于没有记录雌性小鼠的结果，似乎可以认为对其寿命没有明显影响。

另一种延长寿命的已知药物是雷帕霉素（rapamycin）。如图 3-12 所示，它是一种具有复杂环结构的化合物（分子量为914），被开发为来自放线菌的抗生素，之后，雷帕霉素引发了上述 TOR 的发现。目前，在哺乳动物中，这种 TOR 被称为 mTOR，是与疾病和长寿相关的重要因素，雷帕霉素通过与这种 mTOR 结合并抑制其活性来发挥作用。

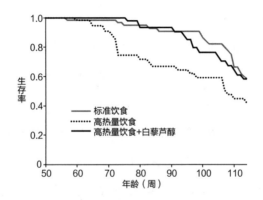

图 3-11　小鼠存活曲线比较

注：标准饮食、高热量饮食、高热量饮食 + 白藜芦醇饮食饲养下小鼠存活曲线比较（基于参考文献 86 的图 1b 绘制）。

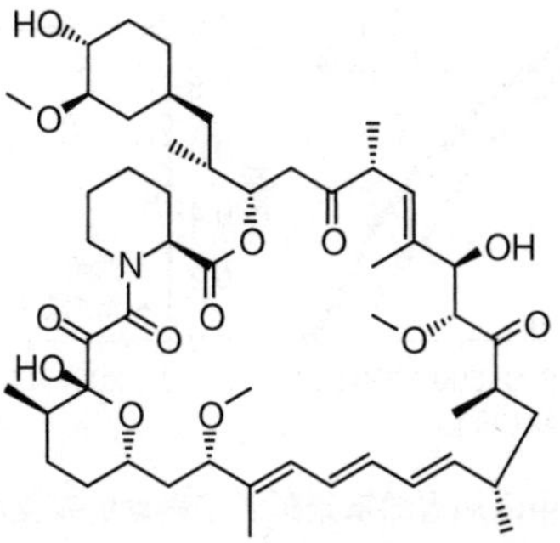

图 3-12　雷帕霉素的化学结构(基于参考文献 87 绘制)

下面介绍首次论及这种雷帕霉素可延长小鼠寿命的论文（88）。图 3-13 显示的是研究结果，这是一项非常庞大且计划非常周密的研究。具体来说，是将杂交的雄性和雌性，作进一步的杂交（父母共有 4 个遗传系统），获得具有多样遗传性的杂交小鼠。小鼠在出生 600 天后被投入实验，研究人员分别从三个不同研究机构获得结果，并进行汇总。使用遗传非常多样化的小鼠，是因为结果可能因遗传谱系的差异而有所不同。汇总结果显示，基于个体死亡时小鼠的年龄，雷帕霉素使雄性和雌性的寿命分别延长了 9% 和 14%。在出生后 270 天开始的实验中，雷帕霉素也增加了两性的寿命。

支链氨基酸是营养素，不是药物，但如上所述，添加后也可以延长寿命。白藜芦醇、雷帕霉素和支链氨基酸这三样物质是目前被认为添加到饮食中具有延长人类寿命可能性的物质。

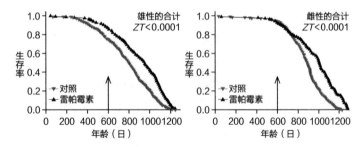

图3-13 饮食中添加雷帕霉素延长了寿命的杂交小鼠的生存曲线

注：根据参考文献 88 的图 1 绘制。

第 4 章

与人类寿命高度相关的重要因素

由于人类的寿命很长，因此很难通过实验来研究影响寿命的因素与寿命之间的关系，基于此，统计研究变得更有意义，针对长寿、衰老指标及其相关可能性因素之间的统计研究在不断展开，其中，也包括针对100岁以上的超级老年人（百岁老人）的研究。这种类型的统计研究，在世界的不同地区，针对不同人群，进行了许多，也有统合相关数据的非常大规模的综合调查（荟萃分析，meta analysis）。此外，调查肥胖、热量限制和蛋白质摄入量、睡眠时间、体力活动、吸烟、糖尿病及高血压等对死亡率的影响，也包括在关于人类寿命研究的范围之内，这一类型的研究往往需要相当长的时间跨度。以下是一些与人类寿命相关的典型研究，对百岁老人的研究将在后面的第5章中介绍。

4.1 肥胖的影响

肥胖增加死亡风险

人们常说胖子寿命短，实际情况又是如何的呢？这里介绍一篇近期的论文，是相关研究中内容非常全面的一篇（89）。在这篇论文的序言中，作者指出，根据世界卫生组织（WHO）的数据，全球有超过 13 亿人的体重超重，BMI 在 25 到 30 之间，BMI 超过 30 的肥胖人口有 6 亿，这两类人在世界总人口中所占比重都在增加。BMI（Body Mass Index）是体重（千克）除以身高（米）的平方所得的值，一般用作肥胖的指标。例如，一个体重 60 千克，身高 170 厘米的人，BMI 为 20.8，这个人属于既不胖也不瘦，体重标准的人。

论文基于 239 项个别调查的结果编写而成，这些调查是分别在亚洲、澳大利亚和新西兰、欧洲和北美地区进行的，由英国剑桥大学对调查结果进行了统计分析（荟萃分析），并具此成文（死亡的调查期间为 5~18 年）。调查总人数超过 1062 万人，在表 4-1 中，所有这些人根据 WHO 的肥胖标准分为六组，并显示了每组的人数及其占总数的比例、死亡人数和死亡风险（HR）。体重标准（BMI 18.5~25.0）组的人数占比最高，为52.5%，以这组的平均死亡率为基准（风险等级1）；人数第二多的组是体重超重组（BMI 25.0~30.0），人数所占比为32.6%；第三组是肥胖1度组（BMI 30.0~35.0），人数所占比是8.9%。肥胖1~3度的人数合计占比约12%。2~3度肥胖边界之间的BMI为40，以身高170厘米为例，体重约116千克，属于超级肥胖，超过这个肥胖度的人数占比约为1%。

从平均死亡风险来看，肥胖1度的人是1.17，这意味着死亡率比标准人群高17%。肥胖3度的人群的死亡风险最高，约为标准人群的两倍。值得注意的是，瘦型人群（体重不足，BMI 15.0~18.5）的死亡风险非常高，为1.82，比多数肥胖人群还高，而超重（BMI 25.0~30.0）人群的风险则比1更低，为0.95。

表4-1　调查对象肥胖度及死亡风险

肥胖度	BMI（kg/cm²）	人数	占比（%）	死亡人数	风险平均值（95%CI）
瘦型	15.0~18.5	292,003	2.7	68,455	1.82（1.74~1.91）
标准	18.5~25.0	5,586,892	52.5	810,838	1.00（0.98~1.02）
超重	25.0~30.0	3,467,671	32.6	526,098	0.95（0.94~0.97）
肥胖1度	30.0~35.0	946,257	8.9	144,871	1.17（1.16~1.18）
肥胖2度	35.0~40.0	237,223	2.2	36,113	1.49（1.47~1.51）
肥胖3度	40.0~60.0	92,458	0.87	15,399	1.95（1.90~2.01）

注：CI：Confidence Interval（置信区间，此处为95%）（基于参考文献89的表1绘制）。

这篇论文的重点是，吸烟和慢性病是体重减轻的重要因素，如将这些人纳入统计结果的话，并不能给出有效的寿命建议，肥胖程度的分类是根据世界卫生组织的标准做出的，这个六组分类相对过于粗糙。基于这些想法，论文强调将肥胖标准分为九个级别，且仅针对不吸烟且没有慢性病的人，并以此结果作为重要论据。在论文所依据的189项研究中，约395万人完全不吸烟，且没有慢性病，并且至少存活了5年。表4-2所示是至少5年的调查结果，在这个表中，肥胖组细分为三个等级，超重组细分为两个等级。整个研究期间的单纯死亡率差别不大，BMI 20.0~22.5的死亡率最低，为8.7%，肥胖3度的死亡率最高，为12.8%。但是，各组的平均存活时间或死亡年龄（寿命）不同，在考察死亡风险时，如表4-2所示，将肥胖1度与2个标准组中的1.00进行比较，死亡率为1.45，肥胖2度为1.94，肥胖3度为2.76，死亡风险远高于表4-1中的数据，BMI 27.5~30.0的超重组风险度也达到了1.20。由此可以看出，表4-1中的粗略分类是隐藏着风险的。相反，瘦型的风险较之表4-1是下降的（从1.82下降至1.51）。简要总结一下这个结果，对于那些不吸烟且没有慢性病的人来说，BMI 18.5~27.5之间的人群死亡风险并不高，但比这个胖或瘦的人群的风险水平要高出20%—300%。

表 4-2　非吸烟者和非慢性病人群的九个肥胖等级的死亡风险

肥胖度	BMI（kg/cm²）	人数	占比（%）	死亡人数	死亡率（%）	风险平均值（95%CI）
瘦型	15.0~18.5	114,091	2.9	12,726	11.1	1.51（1.43~1.59）
标准	18.5~20.0	230,749	5.8	20,989	9.1	1.13（1.09~1.17）
	20.0~22.5	838,907	21.2	72,701	8.7	1.00（0.98~1.01）
	22.5~25.0	1,075,894	27.2	98,833	9.2	1.00（0.99~1.01）
超重	25.0~27.5	821,303	20.8	84,952	10.3	1.07（1.07~1.08）
	27.5~30.0	428,800	10.9	45,341	10.6	1.20（1.18~1.22）
肥胖 1 度	30.0~35.0	330,840	8.4	37,318	11.3	1.45（1.41~1.47）
肥胖 2 度	35.0~40.0	80,827	2.0	9,179	11.4	1.94（1.87~2.01）
肥胖 3 度	40.0~60.0	30,044	0.76	3,840	12.8	2.76（2.60~2.92）

注：CI：Confidence Interval（置信区间，此处为 95%）（根据参考文献 89 的表 2 绘制）。

把表 4-2 中的结果按调查对象的地域划分时，肥胖人群的平均死亡风险在欧洲最高，在澳大利亚 / 新西兰、东亚和南亚最低。而且，当将表 4-2 中的结果按照初始时的年龄分为 3 组时，年龄越小，因肥胖而死亡的风险越大；按性别划分的话，同为严重肥胖，但男性的死亡风险高于女性。这些研究结果对我们而言具有重要参考价值。

肥胖对身体的不良影响

那么，肥胖为什么会缩短寿命呢？首先，肥胖的直接影响就是体重增加，于是，身体需要升高血压才能将血液泵送到全身，而高血压会导致动脉硬化，这就可能会引发心血管疾病，进而导致死亡。高血压会刺激交感神经兴奋，从而产生压力。此外，超重的体重会给膝关节带来压力，导致膝关节骨关节炎，造成行走困难并容易引起骨折。

其次，肥胖会增加体脂，间接对身体产生各种不良影响，这个问题其实更为严重。在肥胖人群中，都会发生脂肪细胞数量增加，且每个细胞积累的脂肪量增加等问题。这可能发生在全身或主要发生在内脏器官，内脏脂肪类型与疾病的关系更加密切。内脏脂肪细胞中脂肪堆积过多会产生许多阻断胰岛素作用的物质，身体通过增加分泌胰岛素来抵消，导致胰岛素的快速消耗和快速枯竭，于是易患高血糖症和糖尿病。糖尿病是许多疾病的根源并缩短寿命。此外，当脂肪堆积增加时，抑制食欲的激素瘦素和抑制动脉硬化的因子脂联素从脂肪细胞分泌减少，进而导致肥胖和动脉硬化。因此，肥胖会对健康产生综合负面影响，从而缩短寿命（3），肥胖者应通过减少饮食热量和适度运动来消除肥胖。

我觉得在分析肥胖的影响时，只用 BMI 作为肥胖的指标是有问题的。例如，即使是相同的 BMI 25（表 4-2 中标准 3 级和超重 1 级的界限），身高 160 厘米和 180 厘米的人体重分别是 64 千克、81 千克，存在 26% 的差别。由于心脏的负担和骨骼的负担都会随着体重本身的增加而增加，而不是单纯因 BMI 变化而变化，因此，可能也需要以体重本身作为指标进行研究。

4.2 与人类寿命相关的要因

全球对基因影响的研究

2017 年，包括乔希在内的约 100 名研究人员联名发表了一篇关于调查基因影响的大规模研究论文。在这项研究中，调查了大约 30 万 40 岁以上人群的基因和本人的身体状态，以及他们的父母大约 60 万人（其中活着的大约 27 万人，已经死亡的大约 33 万人）的寿命（调查时或死亡时的年龄），这些被调查的对象主要来自欧洲、澳大利亚和北美。这项研究也是一项综合研究（荟萃分析），结合了英国的 UK Biobank 和其他 24 项调查研究的结果。这项研究的另一个特点是，它考察的是父母的寿命，而不是基因型个体本身的寿命，虽然这两者之间的关系更为间接，但这样短期的研究已经在一定程度上表明了基因型和寿命之间的关系。被调查的父母中，已故者的平均寿命为男性 71 岁，女性 75 岁，健在者的平均年龄男性为 63 岁，女性为 66 岁。

研究结果显示，四个基因的特定突变（基因型）与其父母的寿命之间存在很强的关联。这四个基因分别是：①人类主要组织相容抗原系统基因（HLA-DQA1/DRB1），②脂蛋白基因（a）（LPA），③烟碱神经乙酰胆碱受体α基因（CHRNA3/5），④载脂蛋白E基因（APOE）。

人类主要组织相容抗原系统基因是一组在器官、组织和细胞异体移植过程中引起强烈排斥的抗原分子，由Ⅰ类抗原（A、B、C）和Ⅱ类抗原（DPα，DPβ，DQα，DQβ，DRα，DRβ）及Ⅲ类抗原（TNF，C2，C4）组成。Ⅰ类抗原在大多数体细胞上表达，但与寿命相关的包括DQA和DRB基因产物（DQα、DRβ）在内的Ⅱ类抗原是免疫系统的B细胞，仅在巨噬细胞和精子等部分细胞中表达。可以说，这些基因对于表达人类的个性很重要，每个基因中都有各种基因型，并且是其中之一。此外，这些基因聚集在人类6号染色体上的一个部位（33）。

脂蛋白（a）是载脂蛋白B和脂质结合的低密度脂蛋白（LDL）和载脂蛋白（a）结合的分子，存在于血液等中。它被认为是动脉硬化的危险因素，糖尿病和肾脏疾病时浓度都会很高。

乙酰胆碱受体一般是指与乙酰胆碱特异性结合的蛋白质，乙酰胆碱是神经递质之一。烟碱乙酰胆碱受体是一种根据乙酰胆碱的存在与否而开启和关闭的阳离子通道，是烟草的主要成分。它由α、β、γ、δ、ε五种蛋白质（亚基）组成，被发现与寿命有关的是 α。α 有十种类型，β 有四种类型。此外，烟碱型乙酰胆碱受体分为骨骼肌型、神经型和感觉上皮型三种类型，它是一个复杂的分子群，组成各种类型的不同亚基（92）。

载脂蛋白 E 是一种在脂质代谢中具有重要作用的蛋白质。它与低密度脂蛋白（LDL）受体结合，广泛存在于血浆脂蛋白上，促进脂质迁移和调节代谢（91）。

在发现的这四种基因突变中，有9%的检查者发现了①种突变（rs34831921），该突变的每个拷贝都将父母的寿命延长了约0.6年。相反，②种突变（rs55730499）、③种突变（rs8042849）和④种突变（rs429358）分别为8.3%、35.6%和14.2%，都有缩短父母辈寿命的作用，而且对于②种突变，据说每个突变拷贝缩短0.7年。这四个因素中的两个与脂质有关联性，这表明脂肪对寿命很重要。研究表明，已发现的遗传因素对人类长寿的影响并不大，在论文的序言中估计，总遗传因素估计最多为25%。在百岁老人的研究中，另一个重要的结果是来自双胞胎的研究，结果表明，遗传因素对长寿的贡献率为15%~25%（93）。

Joshi 等人的论文还提供了一个重要的研究结果，即基因检测者的生活方式、健康指标及其父母寿命之间的综合关系。他们发现，受教育时间、戒烟时间、对新体验的意愿以及高密度脂蛋白（HDL）水平与寿命高度相关。此外，冠心病的易感性、每天吸烟的数量、胰岛素抵抗和体重指数（BMI）或体脂肪量与死亡率或寿命缩短高度相关。BMI每增加1，父母寿命缩短7个月，教育年限每延长1年，寿命延长11个月。延长教育期促进长寿主要是由于不吸烟倾向的加强。总的来说，这是一个非常有趣和重要的结果。关于肥胖，当BMI增加10时，从遗传的角度考察的话，父母的寿命缩短6年，这与上一节的结果相同。这在多大程度上反映在本人的寿命上，本论文没有说明，但总的来说，对本人寿命的影响大约是1/2。

中国某地区的相关研究

接下来，我们来介绍一项关于中国某地区的独特研究（94）。这个研究的研究对象地区是广西壮族自治区，它位于中国南部，北纬22~26度之间（图4-1），面积广阔，有24万平方千米，人口约5100万，地处亚热带，气候温和，南部和中部地区为平地和盆地，西北部为山区。之所以将其选为长寿研究课题，第一个原因是全国长寿普查显示，广西的长寿比例是比较高的，另据国际人口老龄化与长寿专家委员会（International Expert Committee on Population Aging and Longevity）的数据，位于地图北部的河池市2016年被认定为中国百岁老人比例最高的地区（每10万人中有17.9人）。我们将在下一章中看到，中国百岁老人的整体比例约为2/100000，河池的数据约为其 10 倍。将广西壮族自治区选为调查对象也有其他理由，比如经济和教育水平存在显著的区域差异，有完整的老年人口的人口统计等。

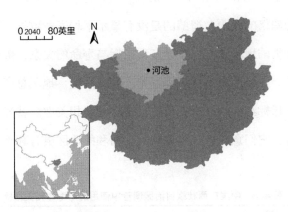

图 4—1　广西壮族自治区
注：转载自参考文献 94 的图 1。

　　在这样的背景下，研究人员选取了自治区内共 109 个县、镇作为调查对象，考察了区域内的寿命与各项指标的相关性。研究使用了百岁老人占比比例、90 岁以上人口占比比例、80 岁以上人口占比比例、60 岁以上人口占比比例，以及 90 岁以上人口 /65 岁以上人口比例等作为数据指标，进行了比较考察。此外，作为可能与长寿相关的指标，对自然环境、经济指标、受教育程度、当地基础设施和医疗设施等各个项目也进行了调查，如表 4-3 所示。这些地区年平均气温在 18.7℃ ~22.7℃，海拔在 15~1118 米，年降雨量在 1084~2677 毫米。

在 109 个地区中，每 10 万人口中百岁老人的比例相差有 60 倍之多，最低为 0.6 人，最高为 36 人，这是一个非常耐人寻味的差距。百岁老人比例非常高的前三个地区，都集中在河池市（平均 17.9 人）。60 岁及以上人口比例为 8.4% ~ 17.7%，有大约两倍的差距。遗憾的是没有显示平均寿命数据，或许也存在较大的地区差异。关于各项指标与寿命的关系，最重要的结论是，该地区自然环境年温差、海拔高度、地区总产量等社会经济指标与 60~90 岁人群的长寿有密切相关性。就温差和海拔而言，它们意味着气候偏低的、温和的地区更有利于长寿。

表 4-3　中国广西壮族自治区调查中使用的与寿命相关指标

指标的种类	指标
自然环境	大气压力、温差、湿度、降雨量、radiation（热辐射？）、温度、水汽、海拔
经济	第一 / 第二 / 第三产业、市政收入、GDP、粮食产量、城镇登记从业人员比例
教育水平	受小学教育人数、受初中教育人数、小学数量、初中数量
地区的生活设施	居民楼数、手机注册人数、年用电费
医疗设施	医院数量、病床数量

注：通过翻译参考文献 94 的表 2 绘制。

虽然此处省略了结果的细节，但以下三点可以说是这个研究的突出特点：一是通过调查区域的细分，能够了解具有区域特征的、略带特殊性的寿命因素；二是调查了自然环境、各项经济指标、教育水平等与寿命的相关性；三是研究对象是中国经济比较落后或者说欠发达地区，面积广阔，多样化充分。

　　较之上一节介绍的全球共同要因的调查研究，这个非常具有地区性特征的研究有着不同的学术价值。

4.3　饮食的影响

热量限制的效果

　　首先，我想介绍一项研究，该研究将热量限制应用于人类，就像第 3 章在小鼠身上所做的那样，并调查了它如何影响与寿命相关的健康指标（95）。该论文总结了一个名为 CALERIE（Comprehensive Assessment of Long Term Effects of Reducing Intake of Energy，减少热量摄入的长期影响的综合评估）的国际研究小组在两年内限制热量摄入的实验结果。受试者为非肥胖的 21~51 岁的男女，随机分为两组，按照有热量限制（CR）和无热量限制分组比较。调查对象或均为美国人，或美国人和意大利人。受试者的 BMI 为 21.9~28.0，平均值为 25.1。这个 BMI 范围是表 4-2 中的第三级至第六级（标准组第二级到超重组第二级），不包括肥胖组和瘦型组的人，可以认为是典型普通的美国居民。

　　调查开始时共有 218 名受试者，CR 组 143 名，未 CR 组 75 名。其中 69.7% 为女性，77.1% 为白种人。调查开始时血压、空腹血糖、胰岛素、血脂均正常，两组在这些指标上均无

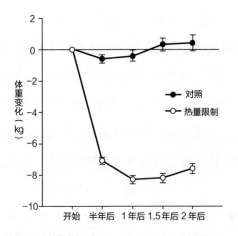

图 4-2　对照组与热量限制组的两年体重变化

注：基于参考文献 95 的图 2B 绘制。

显著差异。由这里受试者的选择可以看出，使调查有意义是一件非常不容易的事情。共有 188 人完成了为期两年的调查，其中 CR 组 117 人，无 CR 组 71 人。研究人员使用名为每日总能量消耗（Total Daily Energy Expenditure，TDEE）的方法，用双标记水严格测量受试者的每日热量摄入量。开始时，CR 组为 2390kcal ± 45kcal/ 天，对照组为 2467kcal ± 34kcal/ 天，无显著差异。CR 组在前 6 个月平均减少了 19.5%，即 480 的卡路里，随后的期间平均减少了 9.1%，即 234 的卡路里，整个期间平均减少了 11.7% 的卡路里。图 4-2 是主要的观察结果之一，比较了两组的体重变化。在对照组中，体重几乎没有变化，而在 CR 组中，从调查开始半年后，体重下降了约 8%（7.1 ~ 8.3 千克）。这一结果似乎是第一次用严格的数据表明，CR 也会导致人类体重减轻。图4-3显示了另一主要结果，它显示了血液总胆固醇和甘油三酯水平以及平均血压（A、B、D）的变化。以C[HOMA-IR、空腹胰岛素浓度（μg/mL）× 空腹血糖水平/405] 表示的胰岛素抵抗指数，均在CR实施1年、2年后有所下降。图4-3中显示的结果意味着CR降低了心血管的风险因素，这些因素被认为与人类寿命有重要关系，因而是重要的。

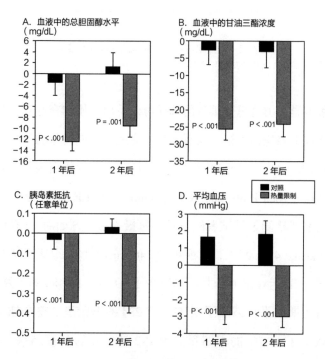

图4-3　热量限制引起的健康指标变化

注：黑色条形图显示对照组，灰色条形图显示热量限制组（根据参考文献95的图4绘制）。

蛋白质含摄入量的影响

到目前为止，还没有看到有研究直接调查一般的热量限制对人类寿命的影响，但已经有数篇研究膳食中蛋白质水平影响的论文发表，以下介绍三篇我认为比较重要的论文。

（1）Levine等研究者的研究（96）是作为一项名为NHANES Ⅲ的研究的一部分进行的。该研究的受试者共6381人，在研究开始时受试者年龄均超过50岁，平均年龄为65岁，在种族、教育水平和健康方面都是具有代表性的、或者说是平均水平的美国人。受试者在研究期间平均每天摄入1823kcal的食物，能量比例分布分别为碳水化合物51%、脂质33%和蛋白质16%（平均），蛋白质的大部分（所有卡路里的11%，蛋白质的约2/3）是动物蛋白。受试者分为三组：高蛋白组（从蛋白质中摄入能量20%以上）、中蛋白组（10%～19%）和低蛋白组（小于10%），整个观察期历经18年，比较了蛋白质摄入量对死亡率和死因产生的影响。有些人在调查中途死亡，调查开始后的平均生存年限为13.1年。

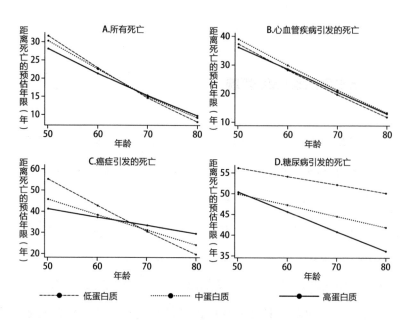

A.所有死亡

B.心血管疾病引发的死亡

C.癌症引发的死亡

D.糖尿病引发的死亡

- - - ● - - - 低蛋白质　　　⋯⋯● ⋯⋯ 中蛋白质　　　━━● ━━ 高蛋白质

图 4—4　因摄入的蛋白质量的不同引发的存活曲线变化
注：根据参考文献 96 的图 1 绘制。

　　这个研究的主要结果如图 4-4 所示。在该图中，纵轴表示死亡原因，包括心血管系统、癌症或糖尿病导致的距离死亡的平均年数的预测（预期寿命）。虽然有些不易理解，但它是一种生存曲线，死亡率用直线的斜率表示。80 岁按死因计算的预期未来寿命可以理解为 20 ～ 50 岁，但这并不表示 80 岁的人实际寿命在 100 ～ 130 岁之间，而是表示特定死因导致的死亡率较低，这是一个统计结果（虚拟）而已。

　　蛋白质摄入的影响是通过三条线的比较来进行的，但根据受试者的年龄也可能出现相反的结果，结论是比较复杂的。总结起来，大致可以得出以下 5 点结论。

①对于 50 ~ 65 岁的人群而言，较之低蛋白组，高蛋白组在未来 18 年里，总死亡率高 75%，癌症死亡率高 4 倍。②当蛋白质是植物蛋白时，这种效果会消失或减弱。③相反，对于 65 岁以上的人，高蛋白质摄入量会降低癌症死亡率和总体死亡率。④高蛋白组所有年龄段的糖尿病死亡率比低蛋白组高 5 倍。⑤综上所述，这些结果表明，在大约 65 岁之前较少摄入蛋白质（约占总卡路里的 10%），之后提高蛋白的摄入量（20% 以上）对健康和长寿来说是最佳的。此外，更加推荐植物蛋白质的摄入，特别是在蛋白质摄入量高的情况下。

（2）另一项重要研究发表于 2016 年（97）。这是 1976 年开始的实验，当时受试者为 30~55 岁的 12 万余名女性（护士），1986 年又加入了 40~75 岁的 5 万余名男性（医务 / 护理人员），受试者接受了长期的调查，时间跨度分别为 32 年和 26 年。在这个调查中，受检者食物摄入所含动物性蛋白质为 9%~22%（中位数为 14%），植物性蛋白质为 2%~6%（中位数为 4%），将受试者分为 5 个阶段组，并分别比较了各组的死亡率，比较的结果如下：

①动物蛋白质摄入量与总死亡率无关，但与心血管死亡率呈正相关。②植物蛋白摄入量与总死亡率和心血管死亡率均呈负相关（摄入多死亡率下降）。①②存在于具有一种或多种不健康因素的人群中，例如吸烟、酗酒、肥胖、缺乏运动，但在

健康人群中则没有明确相关性。③将各种动物蛋白摄入转化为植物蛋白摄入可降低死亡率。

平均蛋白质摄入量是卡路里的 18%，最佳状态时植物蛋白最大比例是 6%，动物蛋白至少是 9%，这样总量超过了 15%（整体为 2000kcal 时，达到 300kcal=75g），比 10% 高不少，这个结果表明，至少对美国人而言，蛋白质水平偏高是比较好的（15%~18%？）。

（3）在日本，2019 年发表了一项调查植物蛋白摄入量与心血管疾病引起的死亡之间关系的研究（98）。实验开始时，筛选了 7744 名 30 岁以上、没有心血管疾病的受试者，并进行了 15 年的观察，得出的主要结论是：植物蛋白摄入量与心血管和脑出血死亡率呈负相关（摄入量越高死亡率越低），在没有高血压的人群中这种关系更强。

这里，让我们总结一下上述三项研究的结果。

（1）中的研究表明，到约 65 岁的结果尤为重要，蛋白质偏少（10% 以下）总体效果较好，但与（2）中的结果不同的原因尚不清楚。（2）中的研究对象数接近 30 倍，时间更长，观测区分了动物和植物蛋白，并将蛋白质的数量分为五个阶段而不是三个阶段，就这五点而言，优于研究（1），但存在的一个问题是，约 10% 的偏低蛋白质摄入量未纳入研究范围。我认为到 65 岁为止，10% 以下的偏低蛋白摄入量比较好这个结论是最重要的，然而，关于蛋白质的量还没有得出一般性结论。此外，日本人的饮食内容和种族（基因）与美国人不同，因此尚不清楚这些结果是否客观适用于日本人，需要对日本的总死亡率进行全面的调查研究，当然，一个结果几乎是可以肯定的，即较多植物性蛋白的摄入是有益的。

4.4　睡眠时间与死亡率的关系

许多人已经认识到，睡眠对保持健康非常重要，自 2000 年以来，关于睡眠时间与死亡率相关性的一系列研究也得以发表（99）。这些论文所观察的目标人群居住的国家不同，群体的内容也有所区别，因此得出的结论也不甚一致。在这里，我先介绍一项分析（荟萃分析）的结果，这项分析汇总了 2016 年 12 月 1 日之前发表在美国 PubMed 和欧洲 EmBase 数据库中的相关研究，该分析是对总共 141 份报告的整合，这个报告针对的是一般意义上的健康人，141 份报告的选择也符合作者们设定的标准，该报告的主要分析结果如图 4–5 所示。这个图分为四个部分，横轴都是受试者的平均每日睡眠时间，纵轴表示死亡率的相对值（相对死亡风险），其中包括所有死亡（A）、心血管疾病引发的死亡（B）、冠状动脉疾病引发的死亡（C）和中风引发的死亡（D）。图表的曲线中，实线为三次函数，表示结果的平均值，虚线表示平均值的 95% 置信限。这些结果表明，在所有死因中，睡眠时间在 7 小时左右的人死亡率最低，而睡眠时间较短或较长的人死亡率都会提高。从整体死亡率来看，如果睡眠时间少于 7 小时，死亡率或风险度每一小时平均增加到 1.06 倍，如果睡眠时间超过 7 小时，则每增加 1 小时死亡率增加到 1.13 倍。结果令人惊讶的是，睡得太久比睡得太短更加危险。目前尚不清楚这一结果是由什么机制引起的，需要进一步的研究，这类研究应该具有相当的难度。睡眠不足会增加死亡率并缩短寿命，这在直觉上容易接受，但睡眠时间过长也会缩短寿命，这是一件令人意外的事情。

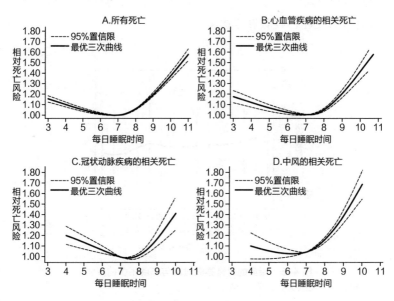

图 4-5　睡眠时间与相对死亡风险的关系

注：根据参考文献 99 的图 2 绘制。

　　下面这个研究还按年龄组分析了受试者的情况（100）。该研究以参与者的自我报告为根据，在 1997 年瑞典的一项活动的参与者中招募了 39191 名 18 岁以上的受试者（估计几乎都是瑞典国民，女性占 64%），历时 13 年。首先，图 4-6 显示了平日睡眠时间按年龄划分的调查结果。参与者每 5 年的平均特定年龄睡眠时间没有显著变化，最长为 20 ~ 25 岁，每天 7.1 小时，最短为 80 ~ 85 岁，每天 6.6 小时。各个年龄段的标准差（standard error，σ）在 1 小时左右，±2σ 的睡眠时间大致范围大到 3.6 ~ 5.6 小时。这个结果即使在日本调查也没有太大变化，具有参考意义。

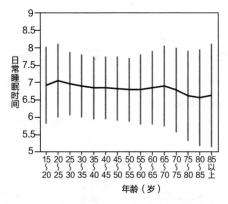

图 4-6　瑞典的日常睡眠时间与年龄相关的变化
注：根据参考文献 100 的图 1 绘制。

在这项研究中，受试者根据睡眠时间分为四组（5 小时以下、6 小时、7 小时 = 标准、8 小时或以上），并比较了他们的死亡率，图 4-7 显示了研究的主要结果。标准（7 小时）组为 1，（A）是短睡眠时间（5 小时或更短）组与标准组的比较，

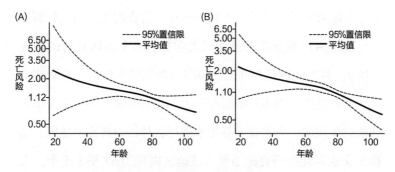

图 4 –7　特定年龄死亡风险

注：以 7 小时睡眠时间为基准的 5 小时（A）组和 8 小时及以上（B）组的特定年龄死亡风险（根据参考文献 100 的图 2 绘制）。

（B）是长睡眠时间（8 小时或更长时间）组与标准组的比较。实线显示平均死亡风险，虚线显示 95% 置信限。两组之间的分布非常相似，年龄越小的风险越高，而老年人的风险会降低。对于年龄更大的、超过 80 岁的人群，风险低于 1 。在这篇论文中，在短睡眠组和长睡眠组（相对风险平均值为 1.37，1.27）中，相对年轻的、年龄在 65 岁以下人群的死亡风险显然更高，但关于年龄大于 65 岁的人，我们得出的结论是，老年人睡眠时间与死亡风险之间的关系没有统计学上的显著关联。这个研究令人意外之处在于，与包括前文提到的研究在内的许多研究不同，它认为至少 5 小时或更短的睡眠时间不会显著增加老年人的死亡率。该论文也指出，关于这个现象的原因，目前无法清楚解释。或许与瑞典国家的特点有关（极地附近寒冷，白夜多等），论文也提到，人类睡眠时间和死亡率的关系会随着年龄的增长而变化，这在一定程度上也是可能的。

接下来，我介绍的是九州大学在日本某地区进行的研究（101）。目标地区是与九州的福冈市相邻的久山町，我对这个地区非常熟悉，因为我家就在附近。久山町是九州大学医学院和研究生院的一个实验室多年来进行各种医学研究的地区，这篇论文也是此类研究的结果。该地区面积为 37 平方千米，人口约 9000 人（男 4270 人，女 4715 人），低山占地一半以上，另一半是平地，混杂着田地和房屋。这个小镇多年来一直是医学研究的对象地区，主要是因为这里居住的人员相对固定，而且居民的各项健康指标接近日本整体的平均水平，据说关于这个城镇的地区医学研究在该领域享有世界声誉。根据这篇论文摘要中的结论，该研究根据睡眠时间（少于 5 小时、5.0 ~ 6.9 小时、7.0 ~ 7.9 小时、8.0 ~ 9.9 小时、10 小时及以上）将 60 岁以上的老年人群划分为五组。与睡眠时间为 5.0 ~ 6.9 小时的人相比，睡眠时间少于 5 小时和超过 10 小时的人因全因死亡和患痴呆症的风险明显更高（死亡危险度为 2.64、2.23）。这一结果与西方人的大规模分析具有相同的趋势，与瑞典的结果不同。据说久山町在日本具有代表性，且其观测结果和最初研究中的大多数结果一致，所以对于日本人而言，久山町的这个研究结果（伴随老年人睡眠时间太短或者太长，死亡率会提高）是具有参考性的。此外，这项研究的创新之处还在于，它指出了痴呆症发生率与睡眠时间之间的关联性。

4.5 运动可以有效延长寿命

据说饮食、运动和压力是与长寿有关的三大因素。运动的英语为 physical activity，或为 exercise，用 physical activity 或者死亡率（mortality）作关键词搜索的话，可以看到已经有了大量的相关研究。在这里，我想介绍一些最新的、具有代表性的世界其他地区的研究和日本国内的研究。

运动量与死亡率的关系

首先，我想介绍一篇关于运动效果的论文，它似乎对我们最具有参考性（102）。这项研究由美国癌症研究所于 1992 年至 2003 年开始，并于 2014 年进行了总结分析。研究针对居住在美国和欧洲的共计 661000 多名男性和女性进行了观察，受试者的年龄分布在 21~98 岁，年龄中位数为 62 岁，整个调查期间约有 117000 人死亡，平均调查期为 14.2 年。根据调查结果，使用 Cox 比例风险模型（见专栏）为每个受试者的运动量计算了死亡风险（相对死亡率）及其 95% 置信限，结果如图 4–8 所示。该图的横轴是受试者分为 7 个阶段的运动量，单位为每周的数值，是进行运动的代谢当量与运动时长的乘积。代谢当量是表示运动时代谢量的相对值，以静息时身体的代谢量（单位 kcal）为 1，单位用 METs（MET 或 METs）表示。例如，以大约 4 千米 / 小时的速度缓慢行走时的代谢当量是 3METs，如果持续 1 小时，运动量为 3METs/ 小时。如果每天都这样坚持的话，那么一周就是 21METs/ 小时了，就是图中左数第四个（相对风险为 0.63）。在这张图中，运动量是 22.5~40 METs/ 小时，人的风险最低，为 0.61，但即使是相对较轻松的运动，达到每周 7.5~22.5METs/ 小时的话，与不运动的情况相比，死亡率平均也可以降低到 69%。

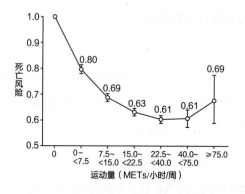

图 4-8　运动量与死亡风险之间的关系
注：死亡风险标准（1.00）基于运动量为 0（根据参考文献 102 中的图绘制）。

　　这里重要的是，各种锻炼或体育活动对应的代谢当量，其详细信息已于 2011 年在美国公布（103），这是一个 50 页的巨大表格，表4-4是可能与读者相关的活动类型的摘录。通过表格可以看出，通常不被认为是运动的吃饭和洗澡等（约1.5 METs/小时），以及各种家务（约2.5 METs/小时）也可以起到一定的锻炼效果。用于通勤的自行车和稍快步行的运动大约为4 METs/小时，跑步和快速骑自行车为8 METs/小时以上。除了总体死亡率外，这篇论文还报告了癌症和心血管疾病等重要死亡原因的死亡人数，以及死亡风险与体力活动量之间的关系（表4-5）。根据数据显示，所有三阶以上的运动（7.5~15METs/小时/周）的癌症死亡风险都低于0.8，并且随着运动量的增加而降低，最低为0.69。心血管疾病死亡风险在五阶运动（22.5~40 METs/小时/周）时最低，为0.58，达到三级以上，风险就已经降到0.7以下。在调查期间的总死亡人数116686人中，癌症和心血管疾病的死亡人数分别为29294人和25369人，死因占比分别为25.1%和21.7%，共占比约50%，比例非常大。

表4-4　各种身体活动的代谢当量

身体活动	代谢当量（METs/小时）	身体活动	代谢当量（METs/小时）
坐着看电视	1.3	腹肌锻炼	2.8
坐着交谈或开会	1.5	步行（4千米/小时）	3.0
坐着就餐	1.5	清洁卫生	3.5
洗澡	1.5	钓鱼	3.5

身体活动	代谢当量（METs/ 小时）	身体活动	代谢当量（METs/ 小时）
上厕所（坐、站）	1.8	自行车（小于 16.1 千米 / 小时）	4.0
换衣服、理发（站）	1.5	木工	4.3
轻体操（伸展、瑜伽、平衡）	2.3	步行（以锻炼为目的、5.6 千米 / 小时）	4.3
		体力劳动	4.5~6.5
日常购物	2.3	健美操	5.0~7.5
洗衣、收拾衣服、洗碗等家务活	2.3~2.5	慢跑	7.0
		自行车（19.3~22.4 千米 / 小时）	8.0
膳食准备	2.5	跑步（8 千米 / 小时）	8.3
驾驶车辆	2.5	跑步（16.1 千米 / 小时）	14.5

大部分不运动的家庭主妇，由于家务等原因，每天活动量在 2 METs/ 小时以上，每周活动量在 15 Mets/ 小时以上，死亡风险接近图 4-8 中的 0.6，它被推定为处于一种良好状态。我本人每天悠闲地散步约 30 分钟（3 METs），早晚做自创的广播体操，为了锻炼腿部肌肉，白天和晚上抬腿练习 50 分钟左右，周运动量超过了 22.5 METs/ 小时。对于缺乏运动的人来说，最好通过步行或骑自行车保持日常通勤，休息日用散步或轻度运动来消除运动缺乏。这个研究的重要之处在于，采用量化方法，客观评价运动量或体力活动量，且发现即使是相对较轻的运动量，往往也有足够的降低死亡率的效果。另外，为了计算身体活动的代谢当量实际消耗的能量（kcal 单位），还需

要掌握人的体重，计算方式为 METs 单位运动强度 × 时间 × 体重（千克）× 1.05（105）。[《医学辞典》（91）中的比例常数为 1.2]。例如，一个体重 60 千克的人用 3 METs 的散步步行 1 小时，能量消耗为 3 × 1 × 60 × 1.05 = 189kcal。

表 4-5　身体活动与死亡率的关系（调查对象人数：661137 人）

		对象人数（%）	死于癌症人数（%）	同一死亡风险（95% 置信限）	死于心血管疾病人数	同死亡风险（95% 置信限）
身体活动量（单位：METs/小时/周）	0	52848（8.0%）	3143（10.7%）	1.00	3238（12.8%）	1.00
	0.1~< 7.5	172203（26.1%）	8584（29.3%）	0.87（0.83~0.90）	7592（31.4%）	0.80（0.77~0.84）
	7.5~< 15.0	170563（25.8%）	7375（25.2%）	0.79（0.75~0.82）	6316（24.9%）	0.67（0.65~0.70）
	15.0~< 22.5	118169（17.9%）	4373（14.9%）	0.75（0.72~0.79）	3293（13.0%）	0.59（0.57~0.63）
	22.5~< 40.0	124446（18.8%）	5187（17.7%）	0.74（0.71~0.77）	4044（15.9%）	0.58（0.56~0.61）
	40.0~< 75.0	18831（2.9%）	557（1.9%）	0.72（0.66~0.79）	457（1.8%）	0.61（0.55~0.67）
	≥ 75.0	4077（0.6%）	75（0.3%）	0.69（0.55~0.87）	69（0.3%）	0.71（0.56~0.91）
人数合计		661137	29294（100%）		25369（100%）	

注：参考文献 102 的表 3 日文翻译，增加了"人数合计"一栏。

静坐时间的影响

下面要介绍的研究，不仅考察了运动量对总体死亡率的影响，还考察了静坐时间对死亡率的影响（106）。该研究开始于 2006 年至 2009 年，涉及澳大利亚新南威尔士州约 267000 名 45 岁以上的居民，之后，大约对 149000 人展开了平均 8.9 年的随访。在此期间，有 8689 人（5.8%）死亡，图 4-9 是研究的主要结果。这张图表与上一篇论文（102）一样，显示了称为死亡风险的平均相对死亡率和 95% 的置信限。它根据运动量（中等或强度）分为四组，每组根据每天的平均静坐的时间分为四个阶段。最左边的人群，每周运动时间超过 420 分钟（每天超过 1 小时），无论坐多久，风险水平变化不大，都在 1.0 左右。随着运动量的减少，久坐的人风险增加，为 1.4~1.8。为了将风险降低到 1.2 以下，每天坐 8 个小时的人每周需要 300 分钟或更多时间的运动量，而坐 4 小时到 8 小时的人需要每周进行 150 分钟以上的中等强度或更多的运动。

运动强度的标准采用的是澳大利亚的标准，详情没有太清晰的把握，但是中等强度的运动应该是超过 3METs/ 小时或者 4METs/ 小时，散步或步行应该包含在中度强度的运动中。在图 4-9 中，被设为风险的基准（1.0）的是运动量最大，且每天静坐时间少于 4 小时的人，应该对应的是上一篇论文中风险最低的人（0.61）。所以，这个图中的风险等级 1.4、1.8 就是上一篇论文的风险等级的 $1.4 \times 0.61 \approx 0.85$ 和 $1.8 \times 0.61 \approx 1.10$，那么 1.4 就是一个不错的数值。在当代社会，很多人在工作时是长时间静坐的，这项研究表明，为了维持长久的健康，所需的运动量因静坐的时间长短而有很大差异，这对许多人而言是非常有帮助的。

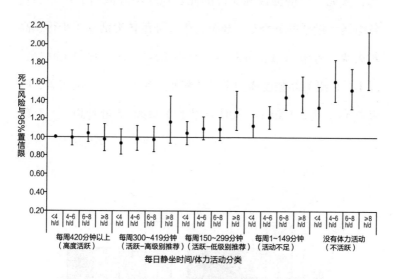

图 4-9　每日静坐时间和每周体力活动对死亡风险的影响
注：h/d 表示时间 / 天（基于参考文献 106 中 General Illustration 绘制）。

日本的运动有效性研究

先介绍一项在日本进行的研究（107），摘要可以在线阅读（108）。这项研究是针对 1990 年和 1993 年居住在日本各地的 10 个保健中心的人群进行的，并在 10 年后（2000 年和 2003 年）取得了其中 50~79 岁约 83000 人的调查合作，调查持续到 2012 年，并对其内容进行了总结，主要结果如图 4-10 所示。这里显示的结果是，与运动量不符合指南组（A 组）相比，其他三组的男性和女性的死亡风险均降低到了 0.7 左右。各组运动量标准分别是，B 组为中等强度体力活动（步行、高尔夫等，呼吸略微急促程度，3~4METs/ 小时）每周 150 分钟以上，C 组为高强度体力活动（慢跑、骑自行车、足球等，呼吸受到干扰，7 METs/ 小时或以上）每周 75 分钟以上，D 组

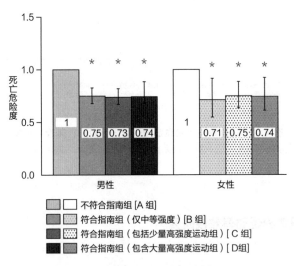

图 4-10 运动量与完全死亡风险的关系

注：可调变量：年龄、地区、吸烟、饮酒、BMI、糖尿病病史、高血压病史、中高强度体力活动（基于参考文献 108 绘制）。

的总体力活动量大致相同（活动强度 × 活动时间），B 组和 C 组可以组合 D 组进行。这个结果很容易理解，并且几乎与美国和澳大利亚的研究结果相同，具有重要参考价值。

根据韩国的一项调查结果显示（109），运动量（此处为每周运动次数，但运动强度未知）与死亡率之间的关系不仅适用于健康人，也适用于糖尿病患者。对于健康人而言，结果与其他报道大致相同（运动将死亡风险降至 0.7~0.85），但对于糖尿病患者而言，运动量为 0 时，死亡风险为 1.35，运动量为每周 5~6 次时，死亡风险为 0.9。这个数据说明，糖尿病人的风险远高于健康人，没有大量运动的话风险不会低于 1。根据厚生劳动省的"平成国民健康和营养调查"（110）可知，日本全国约有 1000 万糖尿病患者及其储备群体，因此，糖尿病在日本也是一个不容忽视的问题，对于这些人而言，锻炼对降低死亡率非常重要。

* * *

为什么运动会促进长寿呢？如同前文介绍的第一篇论文论证表明的一样，适度运动不仅可以降低总体死亡率，还可以降低癌症和心血管疾病的死亡率，这是理由之一。2019 年发表了一篇重要的论文，综合分析了许多关于运动对各种健康指标影响的研究，包括原因的说明（111）。根据这篇论文可知，与一直静坐相比，每天时而进行的轻度运动可显著降低餐后血糖和胰岛素水平，其他的各类轻度运动，可以减少脂肪的堆积，改善血压和高脂血症，这些对于预防心血管疾病非常重要。运动显然对预防和改善肥胖有效，这是第二个理由。目前尚不清楚为什么运动会降低癌症死亡率，但改善整体健康状况可能会增强自身免疫，从而增强对癌症的抑制作用。

4.6　吸烟显著缩短寿命

吸烟被认为是长寿的危险因素，正如前文所叙述的那样，戒烟是长寿的因素之一。关于吸烟与死亡率或长寿之间关系的论文，我找到一千多篇，这里介绍其中重要的两三篇。

吸烟致死风险高

首先介绍的是发表于 2013 年的美国的一项调查结果，其中预估了吸烟导致寿命减少的年数。该研究基于 1997—2004 年对 113752 名女性和 88496 名男性的访谈结果，以及到 2006 年 12 月 31 日为止的死亡原因，在此期间，8236 名女性和 7479 名男性死亡。对于 25~79 岁的人而言，吸烟者因各种原因死亡的风险比从未吸烟者（非吸烟者）高出约 3 倍（女性 3.0，男性 2.8）。

吸烟者和非吸烟者生存曲线的比较如图 4-11 所示，25 岁到 79 岁非吸烟者的生存概率女性为 70%，吸烟者的生存概率为 38%，而男性的分别是 61% 和 26%，非吸烟者和吸烟者之间相差两倍左右。该图还显示，对于女性吸烟者而言，70%

的受试者因为吸烟，其平均存活年龄会缩短 11 年，而对于男性吸烟者而言，60% 的受试者平均年龄会缩短 12 年。另外，从图 4-11 还可以看出，50% 的预计存活年龄将缩短 10 年左右，即女性从 86 岁左右缩短到 76 岁，男性从 83 岁左右缩短到 72 岁。也就是说，25 岁之后的预期寿命缩短了 10 年以上。研究还表明，中途戒烟者，死亡风险随戒烟年龄的不同而降低（图 4-12）。55~64 岁戒烟的人，虽然抽了 30 多年，但风险却从 2.9 大幅下降到 1.7。事实证明，吸烟的人尽早戒烟对长寿有好处。作为这篇论文的研究背景，基于 20 世纪 80 年代进行的研究，估计当时美国大约 25% 的 35~69 岁的男性和女性的死亡原因是吸烟造成的。

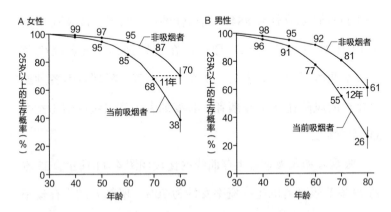

图 4-11　当前吸烟者与从未吸烟者 25 岁后生存曲线的比较
注：根据参考文献 112 的图 2 绘制。

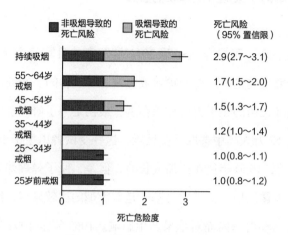

图 4-12　戒烟者死亡风险的降低

注：根据参考文献 112 的图 4 绘制。

　　吸烟者的高死亡率是由于与吸烟有关的疾病导致的，如癌症、缺血性心脏病（心绞痛、心肌梗死）和呼吸系统疾病，这些是被称为与吸烟有关的三大疾病。吸烟引起的癌症可发生在肺、食道、胰腺、口腔和咽部等位置，致癌的原因是香烟烟雾中含有的苯并 [a] 芘等致癌物质作用于体内细胞内的基因 DNA，引起各种突变，众所周知，癌症是由 3 到 4 种癌症相关基因的突变引起的。缺血性心脏病归因于香烟烟雾中所含的尼古丁和一氧化碳，导致心脏冠状动脉的动脉硬化。由于烟草烟雾刺激，肺中蛋白水解酶的分泌增加，呼吸系统疾病产生慢性疾病，其中包括支气管炎和肺气肿。

日本对于吸烟缩短寿命的研究

接下来，我想介绍一篇 2012 年发表的日本研究（114），这项研究主要是由广岛的辐射效应研究所进行的。研究的对象是广岛和长崎的原子弹爆炸幸存者，最初是为了研究辐射的影响，从 12 万人当中选取了受试者，这些受试者出生于 1945 年 8 月之前，1950 年住在广岛或长崎，但是，原子弹爆炸时并没有住在上述两地。由于这是基于是否吸烟的比较研究，因此认为不会因辐射暴露而对结果产生影响。1963 年至 1992 年间共调查了 27311 名男性和 40662 名女性的吸烟状况，并调查了首次调查后 1 年至 2008 年 1 月 1 日期间的死亡率状况。

图 4-13 显示了 1920 年至 1945 年之间出生的非吸烟者和 20 岁之前的吸烟者的生存曲线，根据这里的数据，我们可以得出结论，吸烟会使男性的预期寿命缩短 8 年，女性的预期寿命缩短 10 年。这些烟民的日均吸烟量为男性 23 支，女性 17 支，且大部分男性在 20 岁左右开始吸烟。非吸烟者的死亡风险设定为 1.0 的话，则持续吸烟者男性的死亡风险为 2.21，女性为 2.61。

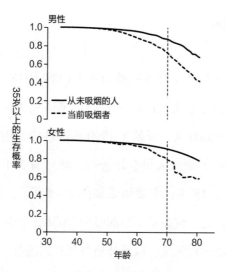

图4-13 日本1920—1945间出生的非吸烟者及20岁之前开始吸烟者的生存曲线

注：根据参考文献114的图2绘制。

这篇论文的序言中引用了之前在日本进行的类似调查的两篇论文（115）（116），其中提到吸烟使预期寿命分别缩短了4年和2年。与这里给出的结果不同的是，以前的论文是基于较旧的数据，吸烟正在加大寿命的缩短，最近的英国论文以及前述的美国论文的结果和本书的结果几乎相同，我认为这篇论文更加可信。我接受的观点是，在日本，吸烟预计也会缩短大约10年的寿命。令人感慨的是，寿命研究和调查受各种条件的限制，是相当有难度的事情。

最新发现

接下来介绍的是日本的最新研究内容（118）。这项研究的受试者与前述论文（114）的受试者基本属于同一个时代的人群，约有98000人，开始于1990—1993年，由大阪大学和国立癌症中心的研究人员合作进行，此后每5年进行一次调查，共持续了15年，主要结果如图4-14所示。这项研究值得注意的是，它不仅显示了当前吸烟者的死亡风险，还显示了既往吸烟者的死亡风险，以及肺癌的死亡风险等。肺癌是吸烟造成的最重要的死亡原因，当前吸烟者的全因死亡风险在不吸烟者的基础上（设定基准为1.00），男性为1.74，女性为1.91，比上一篇论文（114）的结果（2.21, 2.61）低。这种差异可能是由于这项研究进行了多次调查并基于较新的数据，也许最近的风险有所降低，这可能是由于医疗保健的进步和人们越来越关注自己的健康，而且可能由于吸烟数量的减少，最近因吸烟而缩短寿命的程度也有所下降。

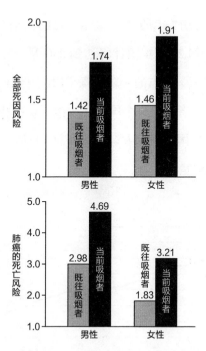

图 4-14　日本既往吸烟者和当前吸烟者的总体死亡风险和肺癌死亡风险

注：根据参考文献 118 中表 3 中的一部分数据绘制。

这里，我们展示一张日本从 1965 年到 2018 年按性别划分的吸烟者百分比的长期变化图（图 4-15）（119），由此可以看出，曾经超过 80% 的男性平均吸烟者比例已经大幅下降至 28% 左右，女性吸烟者的比例也从略高于 28% 下降到了 8.7%，这是一个很好的趋势。

关于吸烟产生影响的论文不仅日本有，其他国家，如中国和印度等亚洲国家也有类似的大量研究（120）。遗憾的是，具体数据略微陈旧，在此省略。这里想介绍的是，WHO（世界卫生组织）2017 年的报告显示（121），全球约有 700 万人死于吸烟，到 2030 年预计将达到 830 万。另一个数据是，2017 年《柳叶刀》杂志的一篇文章（122）指出，当今世界上大约一半的吸烟者来自三个国家：中国、印度和印度尼西亚，而日本和孟加拉国的吸烟人口也位列前 10 名，日本应该努力减少吸烟者的数量。

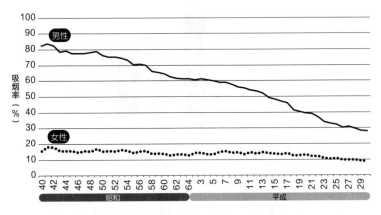

图 4-15　日本不同性别的吸烟率变化图
注：基于参考文献 115 绘制。

4.7 糖尿病及其影响

什么是糖尿病

无论在日本，还是在全世界范围内，糖尿病患者的人数都非常庞大，死亡风险也比较高，就严重性而言，与吸烟程度相当，是一个有待解决的大问题。首先，我们引用《医学大词典》（91）的叙述，说明糖尿病是一种什么样的疾病。

糖尿病是一种由胰岛素缺乏引起的持续性高血糖症。病因既有遗传因素，也有环境因素，据报道遗传因素存在多个，环境因素包括肥胖、暴饮暴食、压力和药物等。由自身免疫引起的糖尿病为 1 型糖尿病，由其他原因引起的糖尿病为 2 型糖尿病，大多数患者属于 2 型糖尿病。

日本糖尿病学会提出的糖尿病诊断标准如下：

· 空腹血糖：126 mg/dL 以上

· 任意时间的血糖值：200mg/dL 以上

·75g 口服葡萄糖耐量试验 2 小时血糖值：200mg/dL 以上

符合以上任何一个条件，会被判断为"糖尿病型"。糖尿病的并发症包括糖尿病视网膜病变、糖尿病肾病和糖尿病神经病变等。糖尿病也是动脉硬化的危险因素，引起心肌梗死和脑梗塞。

关于日本糖尿病患者人数的详细信息，请参阅糖尿病网络"糖尿病调查、统计和数字"（123）。根据日本厚生劳动省的"平成 28 年（2016）国民健康和营养调查"（110）显示，非常可能患有糖尿病的人数估计为 1000 万，占成年人的 12.1%，并且自平成 9 年（1997）以来有所增加。其中，接受治疗的人占 76.6%（约 770 万人）。此外，估计还有 1000 万人有可能患有糖尿病。另一方面，根据厚生劳动省的"患者调查"，平成 26 年（2014）糖尿病患者人数约为 316 万人。两次调查相差两年，但患者人数相差约两倍。由于前者是估计值，后者的患者调查似乎更可靠。另据"患者调查"显示，日本国内有高血压病患者 1111 万、高脂血症患者 206 万、心脏病患者 173 万、癌症患者 163 万，糖尿病患者仅次于高血压患者，高居第二。此外，2014 年死于糖尿病的人数为 13669 人（男性 7265 人，女性 6404 人）（厚生劳动省"人口动态统计确定数"）。

全球范围内，截至 2015 年，糖尿病患者人数为 4.15 亿，比上一年增加 2830 万，预计到 2040 年将增至 6.42 亿（国际糖尿病联合会 2015 年 11 月公布）。70~79 岁的患病率为 8.8%，

11 人中有 1 人患病。按国家划分的话，中国位居世界第一（1.096 亿），印度位居第二（6920 万），美国位居第三（2930 万），日本位居世界第九（估计为 720 万）。

糖尿病与长寿的关系

我搜索糖尿病与死亡率和寿命之间关系的论文，发现了近 3000 多篇，这是一个非常庞大的数字，以下选取其中的两三篇近期研究，作简要介绍。第一篇发表于 2019 年，内容是包括日本在内的六个亚洲国家的死亡风险的相关论述（124）。这篇论文是一份由名为亚洲队列联盟（Aisa Cohor Consortium）的组织于 1963 年至 2006 年进行的大规模调查结果的报告，共有 22 个集团调查，汇总于 2018 年 1 月至 8 月。受试者为中国、日本、韩国、新加坡、印度和孟加拉国的居民，共计 1002551 人，中位随访时间为 12.6 年。在性别比例方面，女性占 51.7%，年龄在 30~98 岁，中位值为 54 岁，调查期间死亡人数为 148868 人。这篇论文最重要的结果是其所得出的数值，即糖尿病引发的总死亡风险和被认为是由糖尿病引起的关联疾病的死亡风险，如图 4-16 所示。男性的总体死亡风险为 1.74，女性为 2.09，与图 4-14 所示吸烟导致的死亡风险（1.74, 1.91）接近。

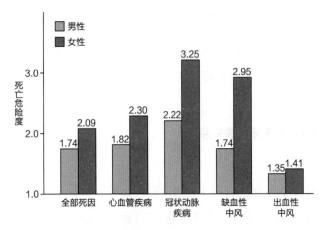

图 4-16 亚洲六个国家的糖尿病相关全因死亡与特异性疾病死亡风险
注：根据参考文献 124 表 4 中的部分数据绘制。

　　第二篇论文是美国的研究（125）。在本论文的调查
中，受试者选自 1997 年至 2009 年进行的全国健康访谈调查
（National Health Interview Survey）的受试者，并以截至 2011 年
12 月 31 日的死亡记录为依据。论文的结论是，与正常人相比，
被诊断患有糖尿病的 30 岁患者的平均寿命会缩短，其中男性
会缩短 0.83 岁，女性会缩短 0.89 岁。

　　第三篇是发表于 2019 年的日本论文（126）。这篇论文
基于日本一家糖尿病专科医院的死亡记录调查，受试者为
6140 名来医院治疗的糖尿病患者，平均年龄为 58.1 岁（男
性 77%），调查时间为 1980 年至 1999 年，在此期间有 261 人
死亡。主要的结论是，40 岁糖尿病患者的平均剩余寿命为男
性 39.2 岁，女性 43.6 岁，即男性预计可以活到 79.2 岁，女性

预计可以活到 83.6 岁。1990 年左右日本人的平均寿命分别是 80~81 岁和 84~85 岁，由此或许可以推断，因糖尿病而缩短的寿命为 1~2 年。这个结论接近上述第二篇美国论文的结论。前文提到过，至少近年来吸烟的死亡风险和糖尿病的死亡风险几乎一致，但糖尿病缩短预期寿命的幅度远小于吸烟（1~2 年对 10 年左右），其中的理由不甚了解。

根据日本糖尿病学会"糖尿病死亡原因调查委员会"的一份报告（2017 年），2001 年至 2010 年的 10 年间，日本糖尿病患者的平均年龄为男性 71.4 岁、女性 75.1 岁，与之前的 10 年相比，男性延长了 3.4 岁，女性延长了 3.5 岁（123）。从这里可以看出，绝大多数糖尿病患者是老年人，糖尿病患者的寿命比以前延长了，日本人整体的平均寿命增加了。

4.8　高血压也是问题

　　高血压与其说是一种疾病，不如说是一种症状，根据上节中引用的数据，有高血压症状的日本人数为 1111 万，这超过了糖尿病患病人数 1000 万这个数据。

　　高血压可能导致心血管疾病，而心血管疾病是重要的死亡原因之一，因此我们说高血压会对长寿产生负面影响，但是，这个负面影响会是怎样一个程度呢？首先，被视为高血压的血压程度如图 4–17 所示。该图的来源论文是 2019 年在日本发表的调查报告，对我们来说应该非常具有参考意义（127）。该论文将血压水平共分为 6 个阶段，收缩压（最大）血压 ≥ 140mmHg 定义为高血压，分为 3 个阶段（图 4–17 中高血压的 2、3 阶段统一显示）。最近有报道称，有相关学会提出了 130mmHg 以上定性为高血压的建议，这里我们以这篇论文的分类为准。

　　这篇论文的研究基于 1988—1990 年开始的日本国家癌症疫学研究（JACC Study）的数据。这个数据的研究对象是调查开始时 40~79 岁的 110585 名男女，他们的健康信息来自当地政府，调查开始时，选择了没有患中风、冠状动脉疾病、癌症、肾脏疾病等疾病的 27728 人，其中男性 10091 人，女性 17637 人。随访至 2009 年，最长达 21.6 年（中位数为 18.5 年），期间 5239 人死亡，其中死于心血管疾病 1477 人，中风 682 人，冠状动脉疾病 304 人，这三种死因的总和占比为 47%。

　　这个研究的主要结果揭示了不同血压水平的心血管疾病死亡率，图 4–17 所显示的是在调查研究开始时，未接受降血压治疗的患者（23153）和接受了治疗的患者（3164 人）之间不同的结果。没有括号的数字是 1000 人 / 年的死亡率，接受治疗的年平均约 8 人 /1000 人，未接受治疗的年平均约 2 人 /1000 人，前者是后者的约 4 倍。未接受治疗但患有高血压（收缩压 ≥ 140mmHg，舒张压 90 ≥ mmHg）和接受高血压治疗者的总数占所有受试者的 39.1%。括号中的数字是根据 Cox 比例风险模型计算的多个变量（例如年龄和性别）调整后的相对死亡风险，接受或没有接受治疗的基准血压是正常偏高组（收缩压 130~139mmHg）。对于未经治疗的人，如预期的那样，血压越高，风险越高（高血压 2~3 期平均为 1.55），因此需要降低血压。然而，对于那些接受过治疗的人来说，风险分布呈 U 形，换句话说，令人惊讶的结果是风险最低的是正常偏高组，而风险最高的是血压最低的最佳组（风险 2.31）。这是因为通过药物治疗降低血压时，最高血压应在 130~139mmHg（正常偏高）范围内，低于这个范围，风险与血压高时相同甚至更高。这将是血压治疗的重要信息。

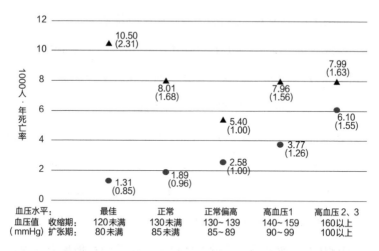

图 4-17　日本不同血压水平的心血管疾病死亡率(数值与图表)和死亡风险
（括号内）

注：▲表示接受治疗的结果，●表示未接受治疗的结果（基于参考文献 127 的图
1 绘制）。

　　接下来，我想简单介绍两篇关于国际调查研究的论文。第一篇发表于 2015 年年底（128），这是对美国发表的关于心血管疾病的性别差异和死亡风险的研究论文的总结分析（荟萃分析）。其中适合于心血管疾病的有八篇论文，这些论文得出的结论是，收缩压每升高 10mmHg，女性患心血管疾病的风险增加 25%，男性患心血管疾病的风险增加 15%，女性发病率更高。此外，根据 12 篇论文得出的结论是，血压每升高 10mmHg，会导致女性 1.16 倍、男性 1.17 倍的心血管疾病引发的死亡风险，在这里几乎没有性别差异。

另一项研究是为了确定所谓的代谢综合征（129）、包括高血压在内的五项指标中的任何一项或五项指标的组合与全因死亡风险之间的关系。关于代谢综合征，表4-6列出了五项指标和判定危险的标准，如果其中3项以上符合危险标准，则判定为代谢综合征。

表 4-6　代谢综合征的判定标准

腰围	男≥102cm，女≥88cm
空腹时的血液甘油三酯水平	≥1.7mmol/L，或正在接受血脂异常治疗
高密度脂蛋白胆固醇的血液水平	男性 <1.03mmol/L，女性 <1.3 mmol/L 或正在接受血脂异常治疗
血压	收缩压≥130mmHg，舒张压≥85mmHg 或正在服用降压药
空腹血糖	≥5.6mmol/L 或正在接受糖尿病治疗

注：2005 年修订的美国国家胆固醇教育计划［National Cholesterol Education Program（NCEP）］标准。

调查是对美国 7 个成年人群体进行的，受试者共 82717 人，代谢综合征的比例为男性占 32%、女性占 34%，18~65 岁占 28%，65 岁以上的老年人占 62%。在平均 14.6 年的随访期间，有 14989 人死亡。调查分别以单独指标、两项指标、三项指标、四项指标、五项指标与受试者总死亡率相关进行考察，得出的结论是，18~65 岁组代谢综合征的危险因素越多，死亡率越高，但在年龄超过 65 岁的群体中，只有具有所有五项代谢综合征危险因素的人，死亡率才会更高。在五项危险因素中，高血压与死亡率的相关性最高，无论年龄或性别如何。没有其他危险因素的高血压患者，其死亡风险并不低，男性为 1.56，女性为 1.62。相比之下，仅仅是腰围、血糖浓度和甘油三酯浓度，与死亡风险并没有显著相关性。

因此，高血压是一个不可忽视的危险因素，预防高血压就变得尤为重要。日本生活习惯病预防协会总结的预防高血压的要点如下：①控盐，通过减少盐的摄入来防止血压升高，并防止因摄入过多卡路里而导致肥胖；②肥胖的人减肥；③适度运动，改善血液循环，降低血压，抑制肥胖（130）。高血压的诊断标准是收缩期（最大）血压为 140mmHg 以上，舒张期（最小）血压为 90mmHg 以上。

4.9　脉搏、与寿命相关的基因

脉搏

与血压一样，脉搏也会根据一天中的时间段、活动状况及测量方法而发生变化。关于脉搏与死亡率及心脏病之间的关系，已经发表了许多论文，但这种关系比血压的情况更加微妙，结论并不总是一致的。简单来说，有很多结果都表明，脉搏越快（每分钟次数越多）越危险，这个论断应该是正确的。这里简要介绍这方面内容的两个报告。

第一个报告发表于 2017 年，是对庞大内容的总结综述（131），这个综述是对 2017 年 3 月 29 日为止发表的世界各地87 个研究报告的综合分析（荟萃分析），其主要结论是，平均而言，安静时脉搏一分钟每增加 10 次，全因死亡的相对风险为 1.17，心脏病的相对风险为 1.15，由心脏病引发的猝死的相对风险为 1.09，各类癌症的相对风险为 1.14，各类疾病的死亡风险都在提高。这个结论是迄今为止许多研究的综合结论，是很有价值的内容。

另一个报告基于在日本进行的一项调查（132）。这项调查是作为免疫学调查的一部分进行的，该研究始自 1987 年，延续至今，由东北大学医学部主持进行，对象地区为岩手县的旧大迫町（现花卷市的一部分）。这项研究调查了该地区 1780 名年龄在 40 岁以上，且无心律失常的日本人。观察的内容是受试者在家测量的静息脉搏与 10 年间心血管疾病引发的死亡率之间的关系。主要结论如表 4-7 所示，即早晨安静时的脉搏与心血管疾病引发的死亡风险之间的关系（通过 Cox 比例风险模型校正了各种因素）。从结果可以看出，一分钟脉搏在 61~64 之间的人风险最低，以这个数值为基准（1.00）的话，70 次以上的人风险高于 2，相差较大。如果将脉搏定位连续变量的话，则脉搏一分钟每增加 5 次，心血管疾病引发的死亡风险就会增加 17%。即便是傍晚测量的脉搏，与心血管疾病引发的死亡风险，也几乎与早晨相同，但早晨脉搏与患心脏病风险之间的相关性更明显。这次调查的一大特点是，以早晨在家中测量的静息脉搏作为基准指标。这样的处理，至少能看到三个优点：①没有在医院测量造成的紧张感；②可以测量数日，然后使用平均值；③早上是特别好的安静时间。此外，这个结果很容易理解，因为作为指导的脉搏数值可以具体显示，并且因为它是在日本完成的，更可能适用于日本人，所以对日本人而言，更加具有参考价值。

表 4-7　早晨的脉搏与心血管疾病引发的死亡风险间的关系

早晨 1 分钟的脉搏	心血管疾病引发的死亡风险（95% 置信限）
≤ 60	1.13（0.54~2.33）
61~64	1.00
65~69	1.63（0.81~3.29）
70~73	2.54（1.16~5.58）
≥ 74	2.61（1.29~5.31）

注：部分摘录自参考文献 132 的表 3。

与寿命相关的基因

与人类寿命相关的基因研究也在积极进行，在这里，我简要介绍一些具有代表性的研究以及已证明具有相关性的基因。首先，前文中陈述的大规模统计研究的结果发现，对于 4 个基因，它们的特定突变（基因型）与其父母的寿命之间存在很强的关联性。这 4 个基因是：①人类主要组织相容性复合体的基因（HLA - DQA1/DRB1），②脂蛋白基因（a）（LPA），③烟碱神经乙酰胆碱受体 α 基因（CHRNA3/5），④载脂蛋白 E 基因（APOE）。其中，②是动脉硬化的危险因素，由于动脉硬化是心血管疾病的重要因素，所以很容易理解它与长寿之间的关系。

接下来介绍的论文，是使用与此类似的统计方法，来确定基因的特定基因型（突变）与寿命之间的关系。这是对 2017

年年底前发表的世界各地 65 个研究的荟萃分析，这些研究涉及的内容包括 85 岁以上的老年人群与较之年轻的人群之间的比较。研究结果显示，在五个基因的基因型与携带它的人的寿命之间存在着显著的相关性。其中，被发现相关性最强的是载脂蛋白 E 基因（APOE），一种基因型的相关系数为 1.45（正相关，寿命增加），另一种基因型的相关系数为 0.42（负相关，寿命缩短）。接下来，具有 FOXO3A（叉头转录因子 O3A 型）的基因型，整体相关系数为 1.12，男性单独为 1.45 的正相关。对于血管紧张素转换酶（ACE）基因的结论是，基因型存在弱正相关性，为 1.11。血管紧张素转化酶是一种将血管紧张素前体转化为活性血管紧张素的酶，可能是因为血管紧张素通过血管收缩使血压升高，从而与寿命产生了相关性。在 Klotho 基因和白细胞介素 6 基因之间也发现了弱相关性。

在丹麦进行的一项研究，比较了 1089 名 90 岁以上的老年人群和 736 名 46~55 岁之间的中年人群的基因型（134）。这项研究的一个特点是，一个基因的基因型变化往往对长寿没有显著影响，所以考虑当属于一个代谢途径的两个基因的基因型一起变化时，影响可能会更大，研究是对这个思路的考察。具体而言，就是对胰岛素样生长因子 1（IGF-1）作用通路、DNA 修复通路、抗氧化和前体通路这三个通路中两种不同基因型的协同作用进行了调查，发现其中几种组合与寿命具有显著相关性。

在前面章中，我们注意到一种名为雷帕霉素的药物可延长小鼠寿命，同一种药物对酵母、线虫和果蝇也有类似的作用。这种雷帕霉素及其衍生分子通过一种称为 TOR 的蛋白质（雷帕霉素的靶标，哺乳动物中的 mTOR）发挥作用。TOR 是一种用作蛋白激酶的分子，可磷酸化蛋白质中的丝氨酸或苏氨酸。此外，TOR 蛋白与其他几种蛋白一起形成称为 TORC1 和 TORC2 的复合物，以这种形式延长寿命并发挥各种相关的生物学效应。因此，这些雷帕霉素相关分子的基因都与寿命有关。前述的雷帕霉素也影响上述 IGF−1 的作用途径，又因其没有药物副作用，于是可延长人类寿命的雷帕霉素衍生物的开发正在世界范围内积极展开（135）。

众所周知，包括人类在内的哺乳动物有 7 种长寿基因，称为 Sirtuins 或由它们产生的蛋白质（Sirt1 到 Sirt7）。Sirtuins 首先在酵母、线虫等生物中被发现，作为 Sir2，是一种参与卡路里限制的长寿效应的分子。该基因被删除或受损会缩短寿命，而过度表达可以延长寿命。类似于 Sir2 的分子 Sirtuin 在每个生物体中都有发现，这些沉默调节蛋白分子被认为具有 NAD+ 依赖性组蛋白脱乙酰酶活性，通过这些活性，它们可以抑制氧化应激、衰老和与衰老相关的疾病，从而延长生物体的寿命（136）。在这些 Sirtuins 中，哺乳动物中的 Sirt1 与 Sirt2 最为相似，而且发现其在老年人中的表达显著更高（图 4–18）（137）。这些 Sirtuins 以及与它们相关的一些功能分子也是与长寿相关的基因组之一。前文提到过一种叫作白藜芦醇的药物可以延长小鼠的寿命，但这种药物是通过一种类似 Sir2 的 Sirtuin 起作用的。

许多与糖尿病、高血压、脉搏等相关的基因，被认为是影响人类寿命的重要因素，它们都应该与寿命的长短有关。另外，更一般地讲，寿命是生物体生活的总和，有大量与寿命相关的基因在间接地起作用。在关于家族和双胞胎的寿命研究中，有一篇论文引用了其他的论文结论，指出基因对决定人类寿命的因素的贡献为 20%~30%（133），或许也可以说，人类所有基因中约有 1/4 是与寿命相关的。

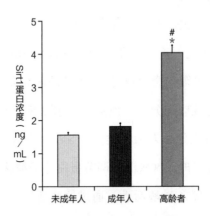

图 4-18　Sirt1 蛋白表达水平对比

注：未成年人（3~16 岁）、成年人（32~55 岁）、高龄者（56~92 岁）（根据参考文献 137 的图 2A 绘制）。

专栏

关于死亡风险、相对风险、Cox 比例风险模型等

在本章中，诸如死亡或疾病等的"风险"一词在文本、图表和表格标题中多次出现（例如，第 4.1 节、表 4-1、表 4-2）。在许多情况下，这个风险，即相对风险，是英文"Hazard Ratio（HR）"的日文翻译。该风险是某事件在某一时刻发生的概率，以对照组的风险为参考（1.00）时被调查组的风险之比称为风险比（比例风险回归模型）（http : //www.amed.go.jp>content）。为了具体求出这个风险比，通过一个合适的时间函数（https://ja.wikipedia.org/wiki/risk ratio）来近似，一般把风险计算为在一段时间内常数的平均值。然而，即使我们观察表 4-1 和表 4-2，似乎也不太可能准确理解它们是如何计算的，包括专业文献的引用。

图 4-5 中的说明描述了死亡率的相对值（死亡的相对风险），是对整个死亡或某种疾病发作的"Relative risk"的翻译，而且风险比也被这样认知（99），那么也就和风险比是一个意思了。例如，即使在用于创建图 4-8 的"Cox 比例回归方法"中，也假设风险比在每个时间点都是恒定的（比例风险比），

因此这是计算风险比，其实也是在用同样的方式求风险比。如果读者希望进一步了解这些方法，请参阅上述维基百科站点上引用的技术书籍和参考文献中引用的统计方法。

第 5 章

百岁老人的长寿秘诀

百岁老人（centenarian）通常指 100 岁以上的老年人，但一些调查会把 99 岁或 98 岁的老年人包括在内，也有一些调查还会把 110 岁以上或 105 岁以上的老年人称为超级百岁老人（supercentenarian）。联合国（UN）2009 年发布的数据显示，全世界估计有 455000 名百岁老人（138）。2009 年世界总人口约为 69 亿（联合国人口部，2014 年发布），据此计算，平均每 10 万人中有 6.6 人是百岁老人。每 1000 名百岁老人中只有大约 1 名 110 岁以上的超级百岁老人，那么全球有 400~500 名超级百岁老人。此外，115 岁以上的老人极为罕见，自有记载以来也没有超过 50 人（138）。

5.1 百岁老人在增加

图 5-1 显示的是近些年来世界各国每 10 万人口百岁老人的数量，最右边的日本，是世界上百岁老人占比最多的国家，为 48 人，最少的是印度，为两人，倒数第二位是中国，为三人。最高和最低相差约 20 倍，百岁老人占比的区别比人均寿命的区别显然要大得多。图中表示为白条的五个国家分别为日本、法国、瑞士、瑞典和丹麦，这五个国家组成了 5-COOP（5 Country Oldest Old Project），就百岁老人进行了共同研究，图 5-1 左上的小柱状图表示的是这五个国家自 1996 年至 2006 年的 10 年间男女百岁老人人口的增加率，这个增加率也是日本最高，五个国家中，最高和最低男女平均增加率达到几乎 4 倍的差。根据联合国的推测，世界百岁老人的人口发生了非常大的变化，1950 年时有 2.3 万人，1990 年有 11 万人，2000 年有 20.9 万人（138），如前所述，到了 2009 年，达到了 45.5 万人，60 年里增加了约 20 倍，单单是最近 9 年，就增加了 2 倍多。

接下来，让我们看看日本百岁老人的数量（140）。图 5-2 显示了日本百岁老人和超级百岁老人的实际人数与总人口的比例，这个数据基于 2015 年（平成 27 年）人口普查。百岁老人

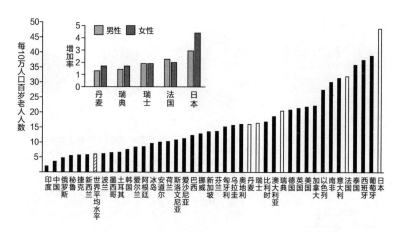

图 5-1　1996 年至 2006 年世界各国每 10 万人口百岁老人人数及百岁老人人口增长率(左上)

注：白色柱显示了 5-COOP 参与国，斜线柱显示了基于联合国估计的世界平均水平{基于参考文献 139 图 2（来源：http://en.wikipedia.org/wiki/Centenarian）和图 3 [来源：Robine, et al.（2010）Current Gerontology and Geriatrics Research, Volume 2010, Article ID 120354] 的一部分资料绘制 }。

总数约 6.2 万人，105 岁及以上超级百岁老人约 4000 人，110 岁以上超级百岁老人 146 人。在百岁老人和超级百岁老人人口中，女性人口远多于男性人口，女性的平均寿命比男性长约 6 年（参见本书第 1 章）。超级百岁老人占百岁人口的 0.23%（约 400 人中 1 人），百岁老人和超级百岁老人占总人口（2017 年约 1.27 亿人）的比例分别约为 1/2000 和 1/870000。图 5-3 显示了自 1991 年以来超级百岁老人的增加人数，从图上可以看出，2010 年后的增长相当显著。

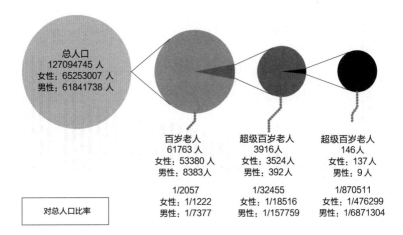

图 5-2　日本百岁老人和超级百岁老人的人口统计

注：根据参考文献 140 的图 1 绘制（基于 2015 年人口普查）。

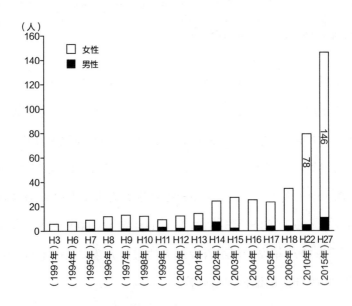

图 5-3　日本超级百岁老人（110 岁以上）人数变化

注：基于参考文献 140 的图 2 绘制。

对于百岁老人等超高龄老人而言，健康状况、生活的自理程度以及是否患有痴呆症等都非常重要。针对这一系列内容因找不到全球分析，所以只能参考一些国家和地区的相关调查。做这类调查时，巴塞尔指数（Barthel 指数，表 5-1）和 MMSE（Mini-Mental State Examination）是常用的方法。巴塞尔指数用于调查日常生活必需的一项基本动作在多大程度上可以自理，这些日常生活动作称为 ADL，调查满分为 100 分，但调查卷上也注明，即使满分，也不一定能够独自生活。MMSE 评估的是记忆力、语言理解力、计算能力以及文章和简单图形的书写能力，满分为 30 分，24 分以上为正常，10-19 分为中度认知能力低下，低于 10 分为严重认知能力低下（142）。

表 5-1　巴塞尔（Barthel）指数

问题设定	问题内容	分数
进食	独立，可使用自助工具，在标准时间内吃完	10
	部分协助（帮助把菜切得更细等）	5
	全部帮助	0
椅床移动	独立完成，包括刹车和脚踏操作	15
	需要轻度的部分协助或关注	10
	可以坐，但几乎全部依赖帮助	5
	完全依赖帮助或不可能	0
个人卫生	独立完成（洗漱、梳头、刷牙、剃须）	5
	部分依赖帮助或不可能	0

问题设定	问题内容	分数
如厕	包括自己站立、处理衣服、如厕后的清理,包括使用便携式马桶后的清理等	10
	需要部分协助、身体支撑、衣物和事后清理的协助	5
	完全依赖帮助或不可能	0
洗澡	自理	5
	部分依赖帮助或不可能	0
步行	步行45米以上,不区分是否使用辅助设备(不包括轮椅和助行器)	15
	包括超过45米的辅助步行,可使用助行器	10
	如果不能行走,可以坐在轮椅上进行45米以上的操作	5
	上述以外	0
上下台阶	独立完成,无论是否使用扶手	10
	需要帮助或关注	5
	无法完成	0
穿衣服	独立完成,包括穿脱鞋、拉拉链、穿脱辅助器具	10
	需要部分协助和标准时间内可自行完成一半以上	5
	上述以外	0
排便	无失禁,灌肠、栓剂处理可能	10
	包括有时失禁,灌肠、栓剂处理需要帮助	5
	上述以外	0
排尿	无失禁,可以处理尿液收集器	10
	包括有时会失禁并需要帮助处理尿液收集器	5
	上述以外	0
合计得分		

注:根据参考文献141绘制。

5.2 百岁老人的生命质量

总体趋势

    这里介绍一篇日本（不包括冲绳）的调查论文（143）。这篇论文的序言指出，自 1872 年以来的个人户籍制度提供了老年人生日的可靠数据，因此适合百岁老人的研究。1973 年，东京都老年学研究所在日本全国范围内进行了第一次百岁老人调查，结果显示，大约 97% 的百岁老人患有慢性疾病，包括高血压和胃肠道疾病，但很少有心血管危险因素，此外，糖尿病和颈动脉粥样硬化发病率低也是百岁老人的特征。

    距离现在更近的 2000 年至 2002 年，东京都针对百岁老人进行了调查（Tokyo Centenarian Study，TCS），并于 2006 年发表了论文（143）。根据论文显示，1194 名百岁老人通过邮件接受了调查，514 人作出了回复，随后对其中的 304 人进行了访问调查。他们的年龄从 100 岁到 108 岁不等，平均年龄 101 岁，男性 65 人，女性 299 人。图 5-4 显示了受试者 100~104 岁的巴塞尔指数和 100~104 岁、105~109 岁、110 岁以上年龄组 MMSE 的调查结果，100~104 岁的受试者在调查时的平均巴塞尔指数大约是 40，MMSE 平均大约是 12，两者都相当糟糕。此外，该图的数据还显示，现在 110 岁以上的超级百岁老人在 100~104 岁时的巴塞尔指数和 MMSE 明显高于现在 100~104 岁的平均得分，也有超级百岁老人的身体和精神能力都相当出色，但是非常罕见。

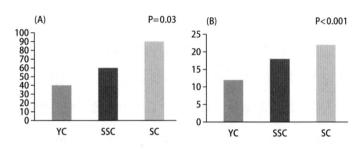

图 5-4　100~104 岁老人的巴塞尔指数（A）和 MMSE（B）
注：YC 表示 100~104 岁之间死亡的人，SSC 表示 105~109 岁之间死亡的人，SC 表示活到 110 岁以上的人（根据参考文献 143 的图 2 绘制）。

从这篇论文的整体数据来看，男性的 18.5% 和女性的 5.9% 巴塞尔指数为满分，男性的 24.6% 和女性的 13.4% 为自理性很高的 80~99 分，巴塞尔平均指数男性是 54.3 分，女性是 34.3 分，男性的平均分要更高。此外，没有视力问题的受访者为 33.5%，没有听力问题的受访者为 22.0%，许多人在其中一个或两个方面都有残疾。男性的平均 MMSE 得分为 16.1 分，女性为 11.5 分，这个得分也是男性高于女性。根据临床痴呆症评估（CDR）的结果，43.1% 的男性和 19.2% 的女性没有痴呆症，41.6% 的男性和 67.4% 的女性患有某种程度的痴呆症。从这些结果来看，活到百岁以上看似是一件可喜可贺的事情，但他们的整体状况却相当困难，尤其是，大多数女性无法独立生活，许多女性患有痴呆症。单纯追求长寿并非理想，延长健康的预期寿命应该更加重要。

冲绳的百岁长者

迄今为止介绍的调查针对的是东京或者本州，不包括冲绳县在内。这里，让我介绍一下关于冲绳本岛的百岁老人的研究（144），冲绳本岛是大多数冲绳人居住的地方。在这项研究中，99 岁以上的老人被认定为百岁老人。直到不久以前，冲绳还一直是日本最长寿的县，但由于近些年来冲绳年轻人饮食和生活方式的变化（西化），男性的平均寿命（出生时的预期寿命）低于日本的平均水平（2013 年时排名 30），女性的平均寿命仍然是日本第三高，还是非常长寿。然而，无论是冲绳的男性还是女性，75 岁以上老年人的平均寿命都比日本的平均寿命要长，这是因为老年人还在维持年轻时（到大约 1970 年为止）的生活方式，他们的饮食被认为特别重要。另一篇论文（145）指出，在冲绳因为几乎不收获大米，所以很少吃大米，而且几乎没有冬天，气候相当温暖，这些可能是冲绳人长寿的主要原因。

冲绳百岁老人研究（Okinawan Centenarian Study，OCS）始于1975年，那之后关于冲绳本岛的百岁老人和老年人的研究也一直在进行当中。1975年时百岁老人还不足30人，2014年时达到了1200人左右，每10万人中百岁老人的确切人数虽然不得而知，但可能高于80人，远高于日本平均水平的48人。这个结果可能部分是因为只有冲绳将99岁的老年人也纳入了百岁老人行列，但百岁以上的人口比例应该还是高于日本整体的平均水平，从这一点可以看出，冲绳人在日本应该还是最长寿的。

据说，良好的心血管状况是冲绳百岁老人健康状况良好的最重要原因，冲绳老人的高血压、糖尿病、肥胖、高胆固醇血症和吸烟等心血管疾病的危险因素往往低于许多其他群体，冲绳百岁老人的尸检（尸体解剖和检查）显示他们没有冠状动脉疾病。在表5-2中，比较了冲绳和日本本州85岁以上老年人死亡率的重要数据，冲绳的总体死亡率要低得多，男性是本州的84%，女性是本州的83%。按照疾病分别看死亡率的话，冲绳的数值也较低，其中尤其是癌症、心血管疾病和高血压引起的死亡率较低。与本州的同龄人相比，冲绳的老年人骨密度更高，痴呆症的发病率更低。在冲绳，日常生活中能够独立生活的老年人的比例是92岁大约80%，97岁大约63%，99岁大约40%，102岁大约25%，也就是说，直到九十多岁依然相当健康。

表 5-2 冲绳和本州 85 岁以上人口总死亡率与主要死因死亡率比较
（每 10 万人死亡人数）

死亡原因	所有原因		癌症		心脏病		心血管疾病		高血压		糖尿病	
男女	男	女	男	女	男	女	男	女	男	女	男	女
本州	15651	10883	2971	1458	2579	2259	2454	2055	136	161	121	109
冲绳	13137	9016	2156	1116	1879	1629	1552	1213	49	91	81	108

注：根据参考文献 144 的表 1 绘制。

上述论文还进行了遗传调查。根据多项研究发现，与长寿有关的 FOXO3（FoxO3）基因与居住在冲绳和夏威夷的日裔美国人长寿人群的低炎症有关。FOX（Fork-head Box）是一组有 50 个种类、存在于人类中并具有共同结构的转录因子。其中，O-orb 类从线虫到哺乳动物都拥有，它与长寿和压力抗逆性有关，在哺乳动物中有四种（FOXO1, 3, 4, 6）是已知的。此外，冲绳 90 岁以上的人群和百岁人群的人组织相容性抗原系统基因 2（HLA2）的抗炎等位基因的保有率较高，同一基因的炎症前等位基因的拥有率较低。

根据家族史调查，冲绳百岁老人的兄弟、姐妹活到 90 岁的可能性分别是平均水平的 5.43 倍和 2.58 倍。

5.3 百岁老人的现状

葡萄牙的百岁老人及其饮食倾向

葡萄牙是欧洲国家之一，国土面积约为日本的 1/4，2013年总人口约为 1061 万，不到日本人口的 1/10，是一个相对较小的国家。2016 年葡萄牙的人口平均寿命为男性 78.3 岁，女性 84.5 岁，男女平均 81.5 岁，在世界上的排名分别为 28 名、11 名和 18 名（WHO 世界平均寿命排名，2018 年版）。葡萄牙位于北纬 37~42 度之间，首都里斯本近些年来的平均气温为 17.2℃，与东京的年平均气温 16.8℃接近。

2018 年发表了一项针对葡萄牙百岁老人的调查，主要是将他们的饮食内容与对照组进行比较（146）。该调查是于 2012 年至 2015 年进行的，受试者为 253 名百岁老人（年龄 100.26 岁 ±1.98 岁，女性 197 名，男性 56 名），对照组的受试者有 268 名（年龄 67.51 岁 ±3.25 岁，女性 164 名，男性 104 名）。对照组按照一定的标准进行了分类（147），分别为心血管疾病的低风险组（LCR）和高风险组（HCR），百岁老人分别与两个组进行比较。百岁老人主要居住在里斯本郊区，但在全国各地都有分布。

这项调查主要集中在百岁老人、LCR 组和 HCR 组饮食内容和习惯的比较，调查项目包括每天进餐次数、进餐量和 10 种食物（瘦肉、鱼、鸡蛋、甜食、乳制品、蔬菜、豆类、水果、用作取油原料的种子、罐头食品）的摄入频率。

这项调查研究最重要的结果是得出了关于瘦肉摄入频率差异的曲线，如图 5-5 所示。对于百岁老人来说，只有大约 18% 的人每周吃一次以上的瘦肉，但 HCR 组约为 78%，LCR 组约为 76%，区别是非常大的。大约 54% 的百岁老人很少吃瘦肉，一个月不到一次。一般认为，肥肉对身体更加不好，调查中没有提及肥肉的摄入，或许是因为基本上没有摄入的缘故。

就每日的饮食量而言，约 60% 的百岁老人只吃少量的食物，而 91% 的 LCR 组和 89% 的 HCR 组的受试者每日摄入中量或大量的食物。百岁老人摄入鱼和甜食的频率也远低于 LCR 组和 HCR 组。相反，百岁老人摄入的蔬菜比两个对照组都要多，大多数人每天要吃一到三次。总结以上结果可以看出，百岁老人的饮食特点是食量小，且瘦肉、鱼、甜食的摄入量少，蔬菜的摄入量较大。

从调查的结果来看，百岁老人的肥胖指数 BMI 的平均值为 21.1，LCR 组为 28.5，HCR 组为 29.6，百岁老人组的平均值非常正常，而两个对照组都属于肥胖。该论文得出的结论是，百岁老人的少瘦肉、低胆固醇和低血红素铁的饮食可能是长寿的关键，但是，这种饮食也会导致肌肉量的减少（肌肉减少症）。

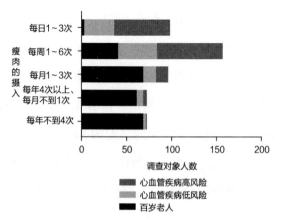

图 5-5　瘦肉的摄入与心血管疾病风险

注：葡萄牙百岁老人（黑色）、心血管疾病低风险对照组（浅灰色）和心血管疾病高风险对照组（深灰色）按瘦肉摄入频率划分的人数（根据参考文献 146 的图 2 绘制）

中国百岁老人的现状

关于中国百岁老人，2017 年发表了全球最大规模的调查报告（148）。这项始自 1998 年的研究被称为"中国长期健康长寿研究"（Chinese Longitudinal Healthy Longevity Study，

CLHLS），调查任意选取了全国除台湾省以外的 22 个省、直辖市（北京、上海、天津、重庆）和自治区中半数的县市作为调查区域，调查人口包括其中大量的百岁老人和 80 岁以上的老人，以及对照组人群。调查区域人口为中国总人口的 85%，大约为 11.5 亿人，是一项规模庞大的调查。

首先，表 5-3 显示的是按照年龄和性别分类的参加访谈调查的人数。在这个调查中，被调查对象不仅包括健在的老人，还包括在调查时间之前死亡人员的家属，调查内容通过对其家属进行的采访获得，对已故老人的调查结果见表右侧。访谈调查一共包括 26435 名百岁老人，其中健在者为 16582 人，死亡者为 9853 人。从总体数据来看，无论是健在者还是死亡者，女性都几乎是男性的 4 倍。其中 80~89 岁的健在者为 25713 人，90~99 岁的健在者为 23207 人。健在百岁老人的年龄构成见表 5-4。在 100 至 104 岁范围内，人数随着年龄的增加而减少。100~104 岁有 11257 人，105~109 岁有 712 人，110 岁及以上的超级百岁老人有 78 人。表 5-4 中百岁老人的总数为 12047 人，比表 5-3 中健在百岁老人人数 16582 人少，但未说明原因。他们是否是排除了在不同时间接受调查的人，或者超过 100 岁但不知道确切年龄的人呢？此外，假设研究区域百岁老人的总人数为 16582 人，则约为每 10 万人有 1.4 人（1998—2014 年）。

表 5-3 中国 1998–2014 年 7 次调查受访人数

年龄（岁）	健在参加者人数（人）			死亡者的人数（家人参加）		
	男性	女性	合计	男性	女性	合计
35~64	7023	4183	11206	4	2	6
65~79	10610	9525	20135	828	610	1438
80~89	12860	12853	25713	2954	2325	5279
90~99	9806	13401	23207	4383	5283	9666
100 岁以上	3401	13181	16582	2159	7694	9853
合计	43700	53143	96843	10328	15914	26242

注：在右栏中，年龄表示死者死亡时的年龄（寿命）（根据参考文献 148 的表 1 绘制）。

表 5-4 1998—2014 年中国参加 7 次调查的百岁老人年龄构成

年龄（岁）	男性（人）	女性（人）	合计（人）
100	1023	3410	4433
101	705	2559	3264
102	386	1579	1965
103	175	840	1015
104	108	472	580
100~104	2397	8860	11257
105~109	132	580	712
110 岁以上	4	74	78
合计	2533	9514	12047

注：根据参考文献 148 的表 2 绘制。

表 5-5 显示了被调查百岁老人的社会、经济背景和状况。大多数人失去了配偶，但与家人居住在一起，平均初婚年龄约为 20 岁，生育子女 3~6 人的约占 60%，没有接受过教育的百

岁老人占86%，这个数据或许令人吃惊，但这些百岁老人的学龄期正值20世纪20年代，而当时中国的教育体系还未健全，绝大多数人从事的是农业和渔业的职业。表5-6显示的是基于自我报告的百岁老人的健康状况，大约2/3的百岁老人自我满意度是"良好"，但大约一半的人在日常生活中存在严重或中度残疾。

这篇论文最重要的调查结果是表5-7所示的百岁老人的客观健康指标。根据精神状态检查（MMSE）结果显示，超过一半的人患有严重残疾，同样的，从椅子上站起来和拿起地板上东西的能力也相当不足，大约一半的老人没有视力，能满足视力需要的大约占1/3。最令人吃惊的是剩余牙齿的数量，60%的老人没有牙齿，90%的牙齿在9颗以下，虽然不知道他们有没有佩戴义齿，但很多人应该在进食上有困难。

如此具体而详细的调查结果，只能在这篇论文中看到，其他国家的结果或许有不同，但是对于了解百岁老人的情况而言，这篇论文提供了非常有价值的信息。

* * *

我希望像中国一样的百岁老人调查也可以在日本进行，并得出有意义的结论，此外，随着生活条件和医疗保健水平的进步，相信中国和日本百岁老人的状况都会逐步得到改善。

表 5-5 中国百岁老人社会·经济背景和状况(2008 年)

调查项目与分类		占比（%）	调查项目与分类		占比（%）
婚姻状况	已婚（2人同居）	3.52	受教育年数	0 年	86.11
	离婚	0.09		1~2 年	3.65
	配偶死亡	95.56		3~4 年	4.12
	未婚	0.44		5~6 年	3.39
家庭关系	与家人同居	88.98		7~9 年	1.41
	独居	7.88		10~12 年	0.71
	机构群居	3.14		10 年以上	0.62
初婚年龄	14 岁以下	4.53		平均 0.68 年	
	15~19 岁	45.71	60 岁以前职业	专业或技术职务	1.76
	20~24 岁	38.25		管理或行政职务	0.59
	25~29 岁	7.34		店员、办公室文员	6.36
	30 岁以上	4.18		个体营业	1.44
	平均 20.04 岁			农业、渔业	70.71
生育子女人数	0 人	2.53		家务劳动	15.89
	1~2 人	19.24		军人	0.47
	3~4 人	30.89		没有从事劳动	1.38
	5~6 人	28.16		其他	1.41
	7~8 人	15.71			
	10 人以上	3.47			

注：接受调查的总人数为 3413 人（通过摘自参考文献 148 的表 3 资料绘制）。

表 5-6　中国百岁老人自我报告健康状况和生活满意度分布情况（2008 年）

项目与水平	健康状态水平			生活的自我满意度			日常生活的活动程度		
	良好	中等	差	良好	中等	差	活跃	中等程度障碍	高度障碍
人数占比（%）	51.8	35.1	13.0	64.6	30.1	5.3	47.3	24.8	27.9

注：接受调查的总人数为 3413 人（通过摘自参考文献 148 的表 4 资料绘制）。

表 5-7　中国百岁老人的客观健康指标（2008 年）

调查项目与结果分类		人数占比（%）	调查项目与结果分类		人数占比（%）
MMSE（精神状态小测验）	优秀	11.6	视力	能够视力辨别	31.4
	正常	17.7		只能看见	23.8
	轻度残疾	16.7		看不见	41.0
	重度残疾	54.0		失明	3.8
从椅子上站起来的能力	不用手扶	33.9	拥有牙齿的数量	0 颗	60.3
	需要手扶	44.7		1~3 颗	17.2
	不可能	21.4		4~6 颗	11.0
从地上捡起书的能力	站立可以拿	29.9		7~9 颗	4.0
	坐着可以拿	36.8		10~12 颗	3.5
	不可能	33.4		13~15 颗	1.2
转 360 度的能力	10 个以下阶段可能	34.5		16~18 颗	1.0
	多于 10 个阶段可能	2.4		19 颗以上	1.9
	不可能	63.0			

注：接受调查的总人数为 3413 人（通过摘自参考文献 148 的表 5 资料绘制）。

第 6 章

植物的寿命

在本书第 2 章中，我们介绍了创纪录的长寿植物，在本章中，我将介绍各种寿命的植物以及关于这些植物寿命的研究。人们对植物的寿命和生命史进行了大量研究，通过这些研究，我们更加了解了植物的相关具体情况，并且对决定了植物寿命的因素有了更加清晰的了解。本书第 2 章的表 2-1 列出了各种非常长寿的植物，但想要估算它们的具体寿命实际上是异常困难的，但是，就寿命研究而言，了解一种植物的平均寿命已然是很有价值的内容了，当然这件事情本身也非常不易。

6.1　能活三百多年的草

平均寿命为数年的兰花

　　首先要介绍的研究是一项大型研究，也可以说，这是一项研究某种特定植物的生态，包括其寿命的经典研究样本。该研究的材料是兰花，兰花有很多种类，但它们都属于百合亚纲兰目，是一种单子叶植物。兰花通常是一种多年生植物，与百合目植物的主要分类相同，其他百合目的还有百合、鸢尾花和水仙花等。在这项研究中，研究对象是叫作蜘蛛兰（Ophrys sphegodes，卷首图 20）的物种。这种兰花是一种寿命很短的稀有石灰岩草原植物，由类似马铃薯的块茎产生。它在 9 月至 10 月产生玫瑰花般的叶子排列，并在 4 月至 5 月开花。它的特点是每年都有一些菌株处于休眠状态（不能形成地面植物），此外，这种兰花里也有在块茎上无性生长的。受检植物的开花部分（花序或花房）很少大于 15 厘米。花可以自花授粉，在受检的大部分年份里，只有 6%~18% 的果实结了种子，不开花因而不能播种的蜘蛛兰会比较早枯死，但结了种子的蜘蛛兰在种子散播后的 8 月中旬至下旬时, 也不会枯死。

　　蜘蛛兰在欧洲中南部自然生长, 这项研究是在英格兰南部的国家自然保护区进行的, 地域面积约为 47 公顷。由于研究目标兰花是稀有品种, 因此研究从 1975 年开始, 一直延续到 2006 年, 过程长达 32 年, 是一项非常有价值的研究。在此期间, 1975 年至 1979 年, 这片土地上放牧了牛, 1980 年至 2006 年放牧了绵羊。课题组对地上出现的植物和休眠植物进行了调查, 从 1975 年到 1989 年, 地上的数量变化不大, 然后呈指数增长, 在 32 年的时间里, 植物的数量增加了将近 10 倍。整个研究时期, 休眠植物占总数量的比例为 28.7%±2.7%, 但从 1997 年到 2003 年出现增加, 2003 年增加到了 67.7%, 高于地上植物。从这里可以看出, 休眠植物的比例变化非常大。

　　地上植物中开花植物的比例也发生了相当大的变化, 在 20 世纪 90 年代初期植物整体生长期间, 开花的比例低至 20%～30%, 但在研究的最后阶段出现第二次增加时, 开花的比例却高达 71%。研究小组考察了开花植物的比例、平均花序的高度、单株平均叶数变化与 3~4 月的降雨量、各个季节的平均气温和日照时间的关系等, 结果相当复杂, 这些天气指标具有多种正面或负面的影响。

　　图 6-1 表示一年内新生植株数量与死亡植株数量的转变 (A) 和差值 (B), 是与寿命相关的数据。由此可以看出, 从 1980 年左右开始放牧绵羊, 大约 10 年后, 植物个体数开始

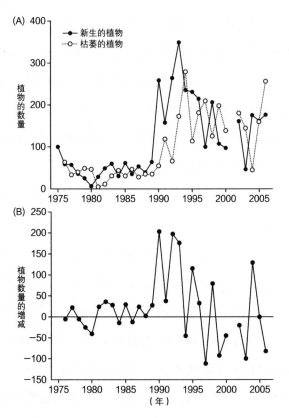

图 6-1　蜘蛛兰一年新生、枯萎株数的变化（A）及其差异的变化（B）
注：根据参考文献 149 的图 5（a）和（b）资料绘制。

显著增加，增加后的第二年往往开始减少。在整个观察时期，
52.0%±13.1% 的新生植物在一年内死亡，这被认为是造成植
物个体数数量交替增加和减少的原因。根据这些结果，一些特
定的植物，如果它们开始产生的年份和出现在地面上的最后一
年的年份有明确记录的话，就可以准确确定其存活的年数（寿

命），并绘制分布图，结果如图 6-2 所示。根据这里显示的数据，推测被测个体的最长寿命为 26 年，半寿期（half life，后述）为 2.25 年，因此平均寿命为 4 年左右。

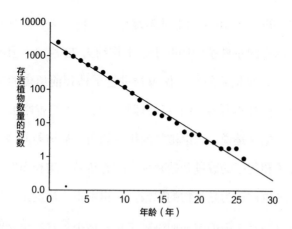

图 6-2　蜘蛛兰的各个寿命的个体数分布
注：根据参考文献 149 的图 4（b）资料绘制。

长叶车前草

接下来的第二篇，介绍的是关于长叶车前草（Plantago lanceolata）的论文（151）。长叶车前草是类似卷首图 21 的植物，原产于欧洲，作为外来植物，在日本各地均有生长。它是车前草的一员，是一种典型的杂草，属于双子叶植物，唇形目车前科车前属。在《日本的野生植物草本》（153）登载了 6 种车前属物种，包括上述两种在内。在日本，长叶车前草比车前草高，高 20~70 厘米，每年 4~8 月盛开深褐色的花，花的颜色也与车前草不同（153）。

这项研究对美国弗吉尼亚州四个不同的地方，超过 8000 的植株，进行了 10 年以上的追踪调查，是一项非常有意义的研究。调查的每株植物的叶子数平均约为 20 片。这项研究的特点之一是对枯死的每一株植物进行了枯死前历史的追踪调查。由于具体的结果很不容易理解，所以我们省略细节，只讲结论，也就是说，无论植物的年龄如何，从枯萎前的 3 年开始，叶子和花序的数量开始减少，随着年龄的增长而发生生理老化，这也被认为是死亡的原因。与树木不一样的是，长叶车前草没有随着年龄的增加而继续生长，这不符合对植物的一般假设，因此论文指出，我们还需要进一步的研究，以确认这属于特殊情况，还是植物的生长其实存在多种不同的样态。论文并没有就导致枯死的衰老原因进行调查，长叶车前草的平均寿命应该是数年。

寿命 300 年以上的草

第三篇要介绍的论文，是关于一种生长在高山上的、小型但寿命很长的多年生植物的研究（154）。这种植物（Borderea pyrenaica）属于单子叶百合目薯蓣科，据记载仅存在于与法国和西班牙接壤的比利牛斯山脉海拔 1800 米以上的高地，是日本未发现的物种。之所以将这种植物作为研究目标，理由有三个，一是因为它的寿命很长，二是因为它是单株植物，而不是群落植物，三是因为这种植物每年从块茎上生长出一根茎到地面，当它枯萎后，在块茎上会留下印记，因此可以准确地确定个体的年龄。这第三个特征非常特别，应该是很罕见的。此外，这种植物是雌雄异株，于是可以区别调查雄性和雌性的特性，这一点应该也是一个有些不寻常的特征。卷首图 22 是这种植物的雄性植株的照片，石头之间生出数株，并具有多个花序。之前的研究发现，有的植株年龄高达 305 岁，可能是所有草本植物中寿命最长的（156）。

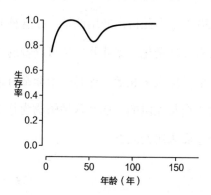

图 6-3 奥尔德萨地区 Borderea pyrenaica 株龄与生存率的关系图
注：根据参考文献 154 的图 3 资料绘制。

这种植物的地面部分生长和开花大约都在同一时间的 6 月

开始，7月果实成熟，9月散布种子，因为是雌雄异株，开花也是雌雄异花，授粉是通过苍蝇、蚂蚁、瓢虫等进行的。具体的研究，是对皮内塔和奥尔德萨两个地区的该植物群进行的。皮内塔地区地势陡峭，多石头斜坡，海拔约2000米，每平方米有数百个目标个体。奥尔德萨是一片平地，海拔约2100米，石头很少，每平方米不到100个目标个体。根据奥尔德萨的调查结果，以一株植物的叶子总面积为指标考察，发现它成长到50岁左右，此后几乎保持不变，存活的最老个体为260岁。图6-3为奥尔德萨地区植株年龄与成活率的关系图。根据图示可以看出，50年过去后的一段时间里，生存率下降到了0.9左右，但随后至少调查结果显示，生存率几乎一直是1，并没有下降。此外，雄性和雌性分别开花的概率随着年龄的增长而增加，直至250岁。由此得出的结论是，在这种非常长寿的多年生植物中没有发现老化。据此我们还可以普遍推测的是，长寿植物可能不会经历太多衰老，这是一个非常有趣的结果。但是，因为寿命不会是无限的，那么这种植物为什么以及何时死亡仍然是一个悬而未决的问题。

6.2 世界各地的长寿树

屋久岛上的各种树木

关于在日本发现的树木的寿命，日本学者对屋久岛上 14
种树木的寿命进行了研究，并发表了具有相当高价值的研究
结果（157）。屋久岛位于日本九州大陆以南，大约北纬 30 度
的位置，温暖多雨，整座岛屿被森林覆盖。1983 年和 1993
年，分别对屋久岛上海拔 500~700 米的两个区域中面积分别为
2000~2500 平方米区域的树木进行了调查，上述研究就基于这
个调查所做。

表 6–1 是根据论文内容节选而成，包括了被调查树木的
名称、分类、特征、和其中一个区（Koyouji 地区）的半寿期。
这 14 种树木有一些是为大家所熟悉的，例如山茶花和野山茶
等，但大多数树木很多人并不知道。这些树木的分类，只有竹
柏是裸子植物（但是是阔叶植物），其他都是被子植物门的双
子叶植物。此外，只有柃木为落叶树，其他树木均为常绿树，
按高度分为三组。

表 6-1　屋久岛 14 种被调查树种的名称、Koyouji 地区的半衰期等

按树木高度分类	树木学名	分类	日文名称	常绿、落叶的区别、树高	枯萎概率（/年）	半寿期（年）
林冠型（乔木）	Distylium racemosum	金缕梅目金缕梅科	イスノキ	常绿、树高 20 米	0.00762	131
	Listea acuminata	樟目樟科	バリバリノキ	常绿、树高 15 米	0.0201	49.8
	Podocarpus nagi	松柏目松科（裸子植物）	ナギ	常绿、树高 20 米	0.0221	45.2
	Neolitsea aciculata	樟目樟科	イヌガシ	常绿、树高 10 米	0.0189	52.9
	Symplocos prunifolia	蓝藜目蓝藜科	クロバイ	常绿、树高 10 米	0.0511	19.6
林冠以下树木	Camellia sasanqua	山茶目山茶科	サザンカ	常绿、树高 2-6 米	0.00499	200
	Symplocos tanakae	蓝藜目蓝藜科	ヒロハリミミズハイ	常绿、树高 3 米	0.0327	30.6
	Camellia japonica	山茶目山茶科	ヤブツバキ	常绿、树高 5-6 米	0.00539	185.5
	Illicium anisatum	八角茴香目八角茴香科	シキミ	常绿、树高 2-5 米	0.0175	57.1
	Cleyera japonica	山茶目山茶科	サカキ	常绿、树高 10 米	0.0112	89.3
	Myrsine seguinii	杜鹃花目报春花科	ツルマンリョウ	常绿、小灌木	0.00797	125
	Symplocos glauca	蓝藜目蓝藜科	ミミズハイ	常绿、小乔木	0.0430	23.3

按树木高度分类	树木学名	分类	日文名称	常绿、落叶的区别、树高	枯萎概率（/年）	半寿期（年）
最底层树木	Eurya japonica	山茶目山茶科	ヒサカキ	常绿、灌木	0.0198	50.5
	Rhododendron tashiroi	杜鹃花目杜鹃花科	サクラツツジ	常绿、灌木	0.0300	33.3

注：学名和枯萎概率摘自参考文献 157 的表 4。半寿期计算为枯萎概率的倒数。分类、日文名称、树高等均来自参考文献 33，网上资料通过谷歌搜索。

　　树木枯萎的概率（死亡率）是根据研究区域中调查的所有该类型树木 10 年间死亡的百分比计算得出的准确值，半寿期可以计算为倒数。半寿期是一个数值，定义为死亡率的倒数，假设群体随机死亡，大约是那个时间的 70%［准确地说，ln（2）= 0.693 倍］里，从统计上讲，意味着最初存在的个体一半会死亡（158）。此外，根据我对假设示例的调查结果，半寿期也是所包括个体大约 1/3（35%）存活，或者大约 2/3（65%）死亡的时期。半寿期和平均寿命（个体死亡的平均年龄）之间的关系并不简单，如果被调查个体的平均开始年龄为 0 岁的话，那么半寿期和平均寿命几乎是一样的，半寿期可以认为是平均寿命的最小推定值。一般而言，"半寿期＜平均寿命＜两倍的半寿期"，在很多情况下，平均寿命估计是半寿期的 1.5 倍左右，半寿期可以认为几乎是平均寿命。准确测量平均寿命的唯一方法是测量并平均该地区死亡的该物种的所有树木或树桩的寿命（死亡时的年龄），但是，由于一些原因，这可能很困难，因此，论文中几乎没有平均寿命的测量结果。半寿期测量结果也就因此变得很有价值。

　　看半寿期的话，我们可以看到从最短的 20 年到最长的 200 年都有，相差约 10 倍，14 种树木半寿期的简单平均数就是 78 年。1993 年该地区调查的树木总数为 1287 棵，每一种平均为 91 棵。如后所述，树木的高度和粗细（大小）整体上可能与寿命有关，但屋久岛的 14 种类型似乎不是这样的情况。

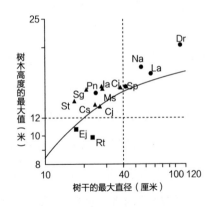

图 6-4　屋久岛 koyouji 地区 14 种树木的树干离地 1.3 米处最大直径与树高最大值的关系

注：字母 Dr 等显示了在表 6-1 中各个种类的属名和种名的首字母缩写（根据参考文献 157 的图 1（a）资料绘制）。

　　图 6-4 显示的是 1993 年在 Koyouji 地区调查的 14 种树木的树干离地 1.3 米的最大直径与树木的最大高度之间的关系。观测到的最大树干直径约 120 厘米，最大树高约 22 米，均为

表 6-1 顶部的金缕梅的数值。整体而言，14 种树木的最大直径和树高的最大值是相关的，这是一个典型的日本森林关于树木寿命和树木大小关系的例子。除了表 6-1 显示的内容之外，这篇论文还包括了很多其他的结论，比如每棵树长出新苗的概率，另一个区域的相似数据，以及树干直径与生长速度的关系等。但是，该研究并未对代表屋久岛或日本的杉木进行调查研究，不清楚这是因为该地区没有杉木，还是出于其他原因的考虑。

加拿大侧柏

目前正在进行的一项研究是以加拿大侧柏（Thuja occidentalis, 卷首图 23）的存活史为研究目标的（160），侧柏是裸子植物杉目柏科的针叶树，常绿乔木，通常高为 15 米，树干直径为 0.9 米，但据说最高时可达 38 米。它也是一种长寿树，有记录的最长寿命为 1653 年。这种树的原产地是美国东北部的五大湖地区、新英格兰和与它们相邻的加拿大，是最早传入欧洲的美洲树种。在日本的植物园里，也可以看到这种树（159）（161）。

该研究是在加拿大著名的旅游胜地尼亚加拉瀑布附近陡峭的山林中进行的。该地区的目标树木密度为每公顷（10000 平方米）1003 棵，平均每平方米约为 1 棵。从活着的侧柏树的树干根部附近采集年轮测定用样品，根据年轮测定（推定）了树龄。图 6-5 显示了每个年龄组中存活的侧柏树的数量，这是通过计算被调查树木的年龄来估计和绘制的。可以看出，被检查的寿命最长的树大约有 700 年的历史。这些树木的平均年龄在 200 年左右。

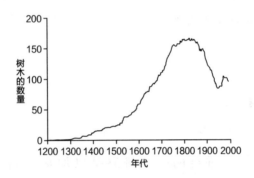

图 6-5 侧柏各龄期存活的树木数量估计

注：根据参考文献 160 的图 3 资料绘制。

树木的平均寿命

表 6-2 显示了各种树木的平均寿命或半寿期。因为没有找到准确的树木平均寿命的结果，表中大约一半的平均寿命是近似数字，其依据无法确定，但它们仍然具有一定的参考意义。如表 6-1 所示，在屋久岛进行的调查，准确调查了 14 种树木的半寿期，从中选出了 4 个树种的结果，包括最短的 20 年和

最长的 200 年的转载于此。屋久岛调查部分也提到，半寿期是平均寿命的最小估计值，平均寿命往往是半寿期的 1.5 倍左右。平均寿命当然是研究最希望得出的数据，但与能够准确记录死亡年龄的人类不同，树木很难测定准确年龄，尤其是对于长寿树更是如此。

表 6-2 显示了 21 个树种的寿命，包括 3 种针叶树（均为常绿树种）、8 种常绿阔叶树种和 10 种落叶阔叶树种。其中辽东楤木的平均寿命最短，为 10 年，白杉的平均寿命最长，约为 400 年。调查点从热带到北温带，包括日本、欧洲、北美和马来西亚。多为高 10 米以上的高大乔木，还包括小灌木、灌木、小乔木共 4 种。可以看出，所有的长寿树都是高大的树木，3 种针叶树都是长寿树。卷首图 24 展示的是山毛榉的照片，山毛榉是日本落叶阔叶树的代表树。

杉树在日本很常见，最长寿命约为 2000 年，但是关于杉树的平均寿命和半寿期，目前并没有可靠的数据。现在的杉树大多是人工林，寿命也大多在 100 年以下，但天然杉树的平均寿命是 300~500 年。表 6-2 中树木的平均寿命的平均值是 100~200 年。测量世界范围内同一种类树木的平均寿命是极其困难的，因为树木的预期寿命可能因调查地点的温度、地质和其他环境因素而有很大差异。另外，以平均寿命与最大寿命的关系为例，忽略测点差异，两者之间仍然可以有很大差异。侧柏是 200 年对 1653 年，约 1∶8 的关系，云杉是约 300 年对

9550 年，是 1∶30 的关系（表 6-2）。

表 6-2　各种树木的平均寿命和半寿期

树名	分类	调查地	叶	树高	平均寿命、半寿期（年）
辽东楤木 2）	双子叶植物伞形目五加科	未知（日本可能）	阔叶、落叶	灌木（2～4 米）	~ 10 *
瑞香 2）	双子叶桃金娘目瑞香科	未知（日本可能）	阔叶、常绿	小灌木	20 ~ 30 *
柿（柿子树）2）	双子叶柿目柿科	未知（日本可能）	阔叶、落叶	乔木	~ 50 *
桃树 2）	双子叶蔷薇目蔷薇科	未知（日本可能）	阔叶、落叶	小乔木	~ 50 *
栗树 2）	双子叶山毛榉目山毛榉科	未知（日本可能）	阔叶、落叶	乔木	~ 50 *
Parashorea macrophylla3）	双子叶锦葵目龙脑香科	马来西亚、砂拉越（热带）	阔叶、常绿	乔木	50
台湾新木姜子 1）	双子叶樟目樟科	日本，屋久岛	阔叶、常绿	乔木（10 米）	52.9
桦木 2）	双子叶壳斗目桦木科	未知（日本可能）	阔叶、落叶	乔木	~ 70 *
灯台树 2）	双子叶山茱萸目山茱萸科	未知（日本可能）	阔叶、落叶	乔木	~ 80 *
杨树 2）	双子叶杨柳目杨柳科	未知（日本可能）	阔叶、落叶	乔木	70~ 100 *
Dryobalanops lanceolata3）	双子叶锦葵目龙脑香科	马来西亚、砂拉越（热带）	阔叶、常绿	乔木	105

树名	分类	调查地	叶	树高	平均寿命、半寿期（年）
蚊母树 1）	双子叶金缕梅目金缕梅科	日本，屋久岛	阔叶、常绿	乔木（20米）	131
日本七叶树 2）	双子叶无患子目七叶树科	未知（日本可能）	阔叶、落叶	乔木	150~200*
山茶 1）	双子叶山茶目山茶科	日本，屋久岛	阔叶、常绿	乔木（5~6米）	186
茶梅 1）	双子叶山茶目山茶科	日本，屋久岛	阔叶、常绿	小乔木（2~6米）	200
北美香柏 5）	裸子植物松杉目柏科	加拿大，尼亚加拉瀑布区	针叶、常绿	乔木（15米）	~200
山毛榉 4）	双子叶山毛榉目山毛榉科	欧洲原始森林	阔叶、落叶	乔木	230~260
蒙古栎 2）	双子叶山毛榉目山毛榉科	欧洲原始森林	阔叶、落叶	乔木	270~300
长椎栲 2）	双子叶山毛榉目山毛榉科	未知（日本可能）	阔叶、常绿	乔木	~300*
欧洲云杉 4）	裸子植物松杉目松科	欧洲原始森林	针叶、常绿	乔木	300~350
白冷杉 4）	裸子植物松杉目松科	欧洲原始森林	针叶、常绿	乔木	359~460

注：所有准确的数字均表示的是半寿期，其他数字表示的是平均寿命，标有＊的数字是近似数字，其依据不确定。

资料来源：1）表6–1和157，2）162，3）163，4）164，5）160。

6.3　树木为什么长寿

树木为什么能有数千年的寿命，比普通的非群落动物长几个数量级呢？这个问题并不容易回答。

因素①，与草本不同，使树木长寿的基本因素是树木的大部分结构是由强壮的木质构成的，而木质可以支撑起因长寿而产生的大型植物体。事实上，一棵几百年甚至更老的大树，里面大部分的细胞几乎都已死亡了，内部出现了空心化，但它仍然可以作为一棵树存在。这是因为植物与动物不同，其身体结构要简单得多，不需要维持、整合或移动整个身体。

因素②，古树作为树木生存的话，需要足够的光合作用，因此需要吸收和供应养分的根和导管等维管组织。叶子的寿命通常在一年左右，每年必须生长新的叶子。这些叶子、维管组织和根的维持和更新需要活跃的细胞分裂和增殖，而能够这样做的能力是树木长寿的最重要因素。植物一般在茎和枝的顶端有茎顶分生组织，在叶基部有叶腋分生组织，在根尖有根端分生组织，这些组织在树木的整个生长过程中都保持着功能（图6-6）。根端分生组织产生了根，枝条顶端分生组织产生叶腋分生组织，叶腋分生组织产生茎、枝、花和新梢茎尖分生组织。

在树木中，腋生分生组织一个接一个地形成新的枝条，可能产生数千条的枝条（167）（33）。

因素③，腋生分生组织可以让树木开花结果，即使是数百或数千年树龄的树木，也有这种生殖功能，这一点与动物有很大的不同。大多数动物在某个年龄会失去生殖功能，因此被认为具有遗传定义（程序化）的寿命。另一方面，人们认为从进化的角度看，树木长寿的原因是，即便是长成古树，也能够为整个物种的保存和繁荣起到作用。

因素④，各种分生组织对树木的寿命起着重要的作用，但如果分生组织中的细胞分裂次数随着树木的年龄呈指数增长，就会发生许多突变，树木就有可能失去正常的遗传功能，从而导致组织和花朵的形成以及分生组织功能的丧失（遗传老化）。在一篇关于此内容的重要论文中（167），拟南芥和番茄被用来研究分生组织中干细胞的去除和细胞谱系的分析，研究结果显示，出现在早期茎尖分生组织中的叶腋分生组织的祖细胞处于非分裂状态。另外，在一个茎生长的时候，其他细胞会分裂多次并呈指数增长，而叶腋分生组织的祖细胞分裂 7~9 次才成为新的茎尖分生组织，分裂次数仅呈线性增长。这一结果是从拟南芥和番茄等草本植物中获得的，但被认为也适用于树木，因此，例如，一棵树新枝的形成一次性发生 10 次，即使枝数以 2^{10}（约 1000 个）增加，叶腋分生组织也只分裂几十次，突变的积累保持在低水平。这项研究揭示了树木长寿的最重要的因素。

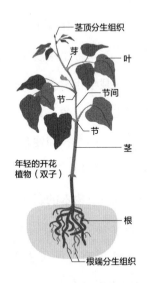

图 6-6　植物结构示意图
注：叶腋分生组织位于每片叶子的基部，图中未显示（根据参考文献 166 的
P.1404 的图绘制）

　　因素⑤，造成树木死亡的主要原因是外部因素，如强风、
积雪和病原体感染等。那么，一年生草本植物一年枯萎，多年
生草本植物地上部分越冬死亡，几年后全部死亡的原因是什么
呢？冬天的寒冷确实是一个因素，但我们不得不认为一年生、
二年生和多年生植物之间的差异基本上是遗传或程序化决定
的。那么，一棵树的最长寿命是否也是由遗传程序决定的呢？
这是一个非常难的问题，有各种学术主张，但应该说还没有定
论。目前人们对决定草本植物寿命的机制知之甚少，据说草本

和木本植物之间没有本质区别，但现在已知的是，草本和木本基因之间存在着重要的差异（见下文）。

因素⑥，如果树木的寿命受外部因素的影响很大，如被大风吹倒等，那么作为决定树木强度的因素之一，树木的密度或比重可能就是一个重要的寿命因素。我调查了各种木材的密度，比重从 0.2 到 1 以上不等，但杉、红杉、云杉等长寿针叶树的比重都比较低，而平均寿命约 50 年的板栗的比重比较高。看来寿命和树木的比重没有那么大的关系。一个饶有兴趣的比较是，用作高级家具材料的紫檀木和乌木具有非常高的比重（比重约为 1），但传统上经常用作高级抽屉柜材料的桐木大约是 0.2，比重非常低（168）。

针叶树长寿的秘密

如表 2-1 所示，云杉、小花松、杉、桧木等许多针叶树的寿命特别长，这有两个可能的原因。

首先是木质素的类型不同，木质素是木材中所含的成分之一。木材是通过在细胞壁上沉积木质素来增加其物理强度的，木质素主要由纤维状纤维素组成。木质素是由大量含有 9 个碳原子的 C6-C3（羟基苯基丙烷）单元聚合而成的聚合物，是一种复杂的物质（92）。木质素有多种分子种类，具有不同的结构，在裸子植物的针叶树、双子叶被子植物和单子叶被子植物等之间存在差异。这些木质素被各种腐烂菌分解，但分解针叶树木质素的腐烂菌相对较少，且针叶树木质素含量较高，因此木材不易腐烂。

第二个原因被认为是因为针叶树分泌松焦油等树脂，这使得它们对以树木为食的昆虫具有很强的抵抗力。与之相对照的是，据说很少有阔叶树产生树脂（5）。

树木的平均寿命和最长寿命

如果有一种树的平均寿命为1000年，那么可能的最长寿命是多少呢？如上所述，一般来说，经过约70%（0.693倍）的半寿期后，存活下来的比例（存活率）约为50%。因此，如果平均寿命为半寿期的1.5倍的话，则半寿期约为700年，700年×70%，即500年后的存活率减到1/2。树的生存率500年×10= 5000年后将是$\left(\frac{1}{2}\right)^{10}$=0.00098（约1/1000），也就是说，即使在5000年后，1000棵中仍有1棵可能幸存下来。从这些结果来看，小花松的平均寿命约为1000年的话，大约5000年的最大寿命应该是可能的，已经确认寿命超过了9000年的云杉，即便不是群落，平均寿命达到1500年也是可能的。表6-2中，欧洲云杉的平均寿命为350年左右，它的生存环境与寿命9000年的瑞典云杉不同，品种也可能不同。这个论点的前提是长寿树的寿命不是基因编程决定的，而是由于外部因素死亡的，这个前提很可能是正确的，但是，对于寿命经过基因编程的动物而言，这个前提不适用。

6.4　叶子的寿命和种子的寿命

无论是叶子的寿命还是种子的寿命，都不同于整株植物的寿命，但令我惊讶的是，这两个方面都已有了相当成熟的研究。关于叶子的寿命，它比树木寿命的研究更容易开展，因为它比整棵树的寿命要短得多，而且因为与光合作用能力等生理活动关系密切，所以研究数量很多；关于种子的寿命，它的保存对于农业至关重要，因此也有充分的研究理由和价值。

叶片的寿命

叶片的寿命有多长呢？寿命最短的是喜盐草的 4 天，最长的是针叶红松类的 Pinus aristata，有 15 年，同类的 P.longaeva 有 45 年（169）。这个最长 / 最短的比值超过 1000 倍，显然，物种之间的差异是相当大的。图 6-7 是显示植物组之间差异的珍贵图表，每组数据中心的粗水平线表示中位数（接近均值），包含中位数的四边形的下边表示从最小值开始占据 1/4 位置的值，上边表示占据 3/4 位置的值（称为第 1 个四分位数和第 3 个四分位数），总数据的一半在四边形中。四边形上方和下方的水平线表示离最大值或最小值 1% 的值，在它们之间包含了所有数据的 98%。

通过图 6-7 可知，叶片寿命中位数最短的是水草（约 2 个月），其次是落叶草本（约 2.5 个月）、落叶灌木（约 3 个月）和落叶木本（乔木，约 6 个月）和常绿灌木（约 1.5 年），最长的是常绿木本（乔木）和常绿草本（约 2 年）。因此，常绿乔木的叶片平均寿命约为 2 年，但一些树木的叶片寿命会更长，云杉为 4~6 年，冷杉为 5~7 年，红豆杉为 6~8 年（1）。

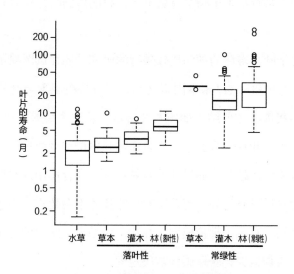

图 6-7 不同植物群的叶片寿命差异

注：粗横线为各组数据的中值，四方形的底边和顶边分别为最小值（第 1 四分位数、第 3 四分位数）1/4 和 3/4 处的值。四方形上方和下方的水平线是 [第 1 四分位数 –1.5 ×（第 3 四分位数 – 第 1 四分位数）] 至 [第 3 四分位数 + 1.5 ×（第 3 四分位数 – 第 1 四分位数）] 显示最大和最小数据。此外，白色圆圈是大于或小于四方形外水平线的数据，表示的是异常值。图表的说明是根据及川真平先生提

供的信息所做［基于参考文献 169 的图 2 资料创建，该图基于由包括日本学者在内的约 40 人联合发表的综合评论（170）中使用的数据库绘制］。

如图 6-7 所示，各个组的叶片平均寿命最长为两年，最短为 2 个月，相差有 12 倍之多。自然，落叶植物的最长叶片寿命也不到一年，但常绿植物的叶片平均寿命约为两年。在常绿木本中，裸子植物（针叶树）的叶片寿命比被子植物长，但常绿木本有些叶片的寿命也有不到一年的。这个调查的对象以常绿性木本植物为最多，有 203 种，最少的是常绿草本植物，有 5 种。常青草本植物本身就不多，我能想到的也就只有虎耳草了。

关于叶片寿命的种间比较进行的研究，还在试图揭示除了常绿 / 落叶和草本 / 木本因素之外，还有哪些因素与叶片的寿命密切相关，主要结果如图 6-8 所示。从这个结果可以看出，物种越小，叶片的含氮量、光合速率和单位重量面积等方面的叶片寿命往往越长。如果叶片含氮量低，光合作用效率低，光合作用总量只有达到一定范围时，叶片才不会死亡。为了解释这一结果，有一个理论模型，在这个模型中，叶片的寿命是为了整个植物最大化获取碳而被决定的。

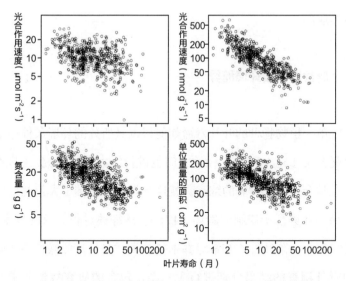

图 6-8 各种植物的叶片寿命、叶片光合作用能力、氮含量和单位重量的面积(1 g)之间的关系

注：与图 6-7 同一数据库中各种植物的叶片寿命和垂直轴上显示的数值的对数（根据参考文献 169 的图 3 资料绘制）。

那么为什么会出现常绿乔木和落叶乔木的区别呢？在日本所在的温带地区，冬天的阳光较弱，气温低，所以光合作用效率普遍较低。随着叶子的老化，光合作用效率的进一步降低，对于不再值得维持叶子能量的树木而言，秋天落下叶子，第二年重新长出叶子，就是更加高效合理的选择。也就是说，综合考虑树木的光合作用能力和抗寒能力等，人们认为气候的差异决定了树木是常绿还是落叶。

叶片的寿命和整个植物个体的寿命看起来应该是有关系的，但目前并不清晰，可能是因为植物的平均寿命研究过于困难造成的。

叶片寿命因环境而异

单一植物物种的叶片寿命如何根据其所处的环境条件而变化呢？关于这个问题，科学家们也进行了大量的研究。《日本生态学会会刊》发表的综述，就这个问题，总结了大量的研究结果，并进行了详细的叙述（171）。该综述进行了落叶草本、常绿草本、落叶乔木和常绿乔木的分类，并且按照操作性实验和野外调查的结果分别进行了总结，包含的研究数量非常庞大，这里只作以下要点总结。

光照强度的影响：在大多数情况下，光照越强，叶片的寿命越短。

养分浓度的影响：在操作试验中，贫营养条件往往会延长叶片寿命，但野外调查并未显示出这种趋势。

土壤湿度、大气二氧化碳浓度、海拔/纬度：四个植物群之间没有观察到共同的趋势。然而，在落叶草本植物中，土壤干燥延长了叶片的寿命。此外，随着海拔或纬度的增加，常绿木本的叶片寿命变长，落叶木本的叶片寿命变短。

在常绿木本植物中，叶片寿命越长，取决于光照强度的寿命差异就越大，但落叶草本植物和落叶木本的情况并非如此。

关于这里的结果③，有报道记载了在日本四国的柏树人工林中调查叶片寿命随海拔变化的而产生的差异（172），根据该报告可知，低海拔地区（320~370 米）的叶片寿命平均为 4 年，高海拔地区（850~970 米）的平均寿命为 6 年，海拔越高叶片的寿命越长，这是一个与结果③相符的具体例子（柏树，常绿木本）。这种由于海拔差异导致叶片寿命差异的主要原因是温度差异，这可能表明，温度越低，柏树叶片的寿命越长。

种子寿命的排名

关于种子的寿命，我们先来看看各种植物的最长纪录。在表 6-3 中有四种超过 100 岁的植物，其中一种是 1000 岁以上。较长的寿命是基于一些有确切建筑年代记录的建筑物，如教堂等。带 * 号的是否有发芽能力尚不清楚，600 年这个数字也是大致数字，并不准确。此外，如后所述，种子的寿命因储藏状态或条件而有很大差异。虽然存在这样的因素，但仍然可以看出的是，种子的寿命应该因植物类型的不同而有很大差异，最短的不到一年（板栗），最长的有 1700 年的大爪草，相差 1000 倍以上。这张表中的植物大部分是草本植物，木本植物只有板栗、山毛榉、杨树和胡桃木四种，有趣的是这四种植物种子的寿命都不长，都没有超过 10 年。重要的农作物的小麦种子寿命是 32 年，玉米是 37 年，马铃薯有 200 年。种子的寿命和植物的寿命看起来似乎没有什么关系，也有一种可能是，通过延长种子的寿命，短命的草本获得了物种的保护和繁荣。

表 6-3　植物种子的最长寿命

植物种类	最长寿命	植物种类	最长寿命
栗子	9 个月	玉米	37 年
七叶树	15 个月	烟叶	39 年
榉树	2 年	芥菜	50 年
杨树	2 年	蒲公英	68 年
核桃	5 年	红三叶草	100 年
南瓜	10 年	马铃薯	200 年
卷心菜	19 年	莲花	250 年
洋葱	22 年	白三叶草 *	600 年
胡萝卜	31 年	大爪草 *	1700 年
小麦	32 年		

注：* 号表示没有关于保留发芽能力的信息。（通过摘自参考文献 1 中的表 2.4.15 的资料绘制）

在表 6-3 中，莲花种子的最长寿命为 250 年，但事实上，莲花种子寿命之长非比寻常。一个广为人知的趣事是，有一种叫作大贺莲花（卷首图 25）的莲花种子，它的 2000 多年前的种子竟然顺利发了芽，并且开了花。根据维基百科的资料（173），大贺莲花的种子发现于千叶县千叶市花见川区旭丘町的、当时东京大学检见川厚生农场的落合遗址地下 6 米的泥炭层，是 1951 年出土的，共有三粒。植物学家大贺一郎尝试着让这三颗种子发芽，两颗没有发芽，一颗发芽生长，1952 年开始开花。通过对从其上方地层中挖掘出的独木舟碎片进行放射性碳测年，估计这颗莲子被掩埋的时间是2000多年前。这颗种子的挖掘细节在维基百科上有详细的描述。此外，目前日本各地有20多个地方可以观赏到大贺莲花（173）。

关于莲花种子的长寿纪录，在中国也有报道称年龄为1288年±271年的莲花种子发芽并且成长，这个年龄是被发现的六颗种子中最长的，最短的是95年，平均为595年±380年（174）。莲花属于双子叶植物睡莲目莲科的落叶水生植物，世界上似乎只有两种莲花（175），是一种相当独特的植物。莲花是多年生草本，但我不太清楚它的植物体的寿命，或者它可能形成群落并活得非常长久。此外，睡莲目莲科还包括睡莲、亚马逊王莲和莼菜等（33）。

储存条件等原因导致的种子寿命的变化

就像植物的最长寿命和平均寿命一样，种子的平均寿命比有记录的最长寿命也要短得多。虽然未显示具体的保存条件，但网络信息"种子的寿命"（176）给出了以下数据。

短寿植物种子（1年）：甜玉米、洋葱、大葱。
比较短寿植物种子（2年）：卷心菜、紫苏、香菜、胡萝卜、牛蒡、青椒、豌豆。

种子寿命 3 年左右：茄子、番茄、辣椒、菜花、白菜、生菜、萝卜、南瓜、菠菜。

比较长寿植物种子（4~5 年）：春菊、黄瓜、西瓜、蚕豆。

以上都是农作物，种子的保存对农业是一个生命攸关的问题。根据表 6-3，种子的最长寿命是洋葱 22 年、卷心菜 19 年、胡萝卜 31 年、南瓜 10 年，平均寿命约为这些年龄的 1/10 左右。

众所周知，种子的平均寿命因储存条件而有很大差异，因此，关于种子储存条件的研究也在展开。以下示例是在韩国通常用于燃料等用途的 Populus davidiana 和 P. koreana（白杨或杨树）的种子（177）。P. davidiana 种子可以在含水量低于 6% 的情况下，在室温下储存 4 周，而 P. koreana 的种子不能在室温下储存。以 P. davidiana 种子为例，当含水量为 3% 时，在 4℃下贮藏 3 年后的成活率为 74%，含水量为 9%~18% 时，在零下 18℃贮藏 4 年后的成活率超过 89%。这种 P. davidiana 种子的最佳储存温度为零下 80℃，含水量为 3%~24%，储存 4 年后的发芽率为 91%~98%。另一方面，在相同水分含量为 3%~24% 的情况下，P. koreana 种子在 3 年后的发芽率都达不到 20%，无论其储存温度为零下 80℃还是零下 18℃。这个结果显示，一般种子最好在低含水量和低温下保存，但可以维持多少存活（发芽）率取决于物种，即使是在关系很密切的植物之间，也可能有相当大的差异。

决定种子寿命的因素

那么，决定种子寿命（发芽能力保持的时期）的因素有哪些呢？第一个因素是种子的成熟过程。首先介绍一篇关于大豆种子的研究（178）。大豆是重要的粮食和饲料作物，2012年全球年产量为2.4亿吨（179）。大豆本身就是种子，但大豆种子的寿命很短，所以需要延长寿命。大豆成熟如图6-9所示，各阶段的成熟过程编号标在图的底部。最年轻的阶段（R7.1）大约是开花后57天，最成熟干燥的阶段（R9）大约是开花后76天。当每个阶段的大豆在空气湿度75%和35℃的温度下储存时，经过25~49天，发芽率下降到50%，种子的成熟度越高，发芽率下降的时间会越长。该研究进一步检查了种子成熟过程中基因表达的变化，结果发现，热休克蛋白基因、参与细胞核和叶绿体光合作用的因子以及与棉子糖等低聚糖代谢相关的因子的表达与成熟过程的进程有关。此外，各种转录调节基因的表达与种子的成熟密切相关。

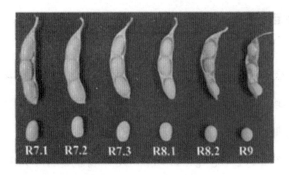

图 6-9　大豆的成熟过程

注：转载自参考文献 178 的图 1A。

　　这里我想介绍的另一项研究是拟南芥种子的研究（180）。这项研究考察了成熟的种子在大约 50% 的空气湿度和 21℃下储存 4 年的发芽能力。野生型拟南芥种子在储存 4 年之后，发芽能力降低到约 60 %。将其与各种基因突变体进行比较，并研究所有这些蛋白质的表达模式，结果表明，维持抗氧化系统如维生素 E、蛋白质翻译和能量生产系统对种子的生命很重要。还发现了十字花素等种子储存蛋白所起的作用。这些结果再次证实，氧化作用会导致种子质量下降（寿命缩短），而种子中的储存蛋白可以防止这种情况发生。

6.5　决定植物寿命的因素

相对生长计量学

目前有一种研究方法被称为相对生长计量学（allometric scaling），即收集所有类型植物物种的重量（质量）、死亡率和新生率数据，从微小的浮游植物到树木，并发现了它们之间的数值关系（158），这种研究法有利于发现决定植物寿命的重要因素。表6-4显示了用该研究法考察的每组植物的物种数、质量、死亡率和半寿期等的平均值。物种总数为728种，其中树木230种，数量最多。红树林在《生物学词典》（33）中的定义是"生长在热带和亚热带海岸和河口的海水或淡水潮间带泥塘中的常绿灌木或乔木植物或植被的总称"，表中红树林的质量非常小，大约30克，所以如果这是正确的话，应该是只考察了草本植物。但是实际上也有可能是原始数据显示不正确，比如单位应该是千克。

就个体植物的重量（质量）而言，浮游植物最小，平均在纳克量级。最重的是树木，平均770千克，最大值11000千克

（11 吨）。我不知道 11000 千克是那个植物物种的平均值还是最大值，但无论如何都是巨大的树种。所考察的所有植物重量的最大值和最小值之间存在天文数字级差异，达到 10^{21}。

关于半寿期（统计上是大约 2/3 的被包含个体死亡的时期），即死亡率的倒数，平均最小值的是浮游植物，为 2.6 天，平均最大值为蕨类植物，为 10.5 年，比树木的 9.4 年还要长，但是，特定树木的最长半寿期为 9900 年，这个数字还是非常惊人的［基于前述各种事实，9900 年这个数值可能是指已发现的最长寿命（云杉）的半寿期］，而不是该物种的平均半寿期。此外，还有树木的最短半寿期是 190 天，和一年生草本植物差不多。相比之下，陆生和沼泽草本的最长半寿期为 190 年，这可能是一种最长寿命约为 300 年的物种（Borderea pyrenaica）。表 6-4 包含的信息量还是非常大的。

表 6-4　Marba 等在 2007 年论文中考察的各种植物类型、质量、死亡率和半寿期

植物的类型组	考察的最大物种数	个体的质量平均值、标准误差和范围（干燥重量，克）	每天的死亡率平均值、标准误差和范围	半寿期的平均值和范围
浮游植物	48	$3.5 \pm 2.4 \times 10^{-9}$ （$3.4 \times 10^{-15} \sim 8.3 \times 10^{-8}$）	$39 \pm 7.0 \times 10^{-2}$ （$1.2 \times 10^{-3} \sim 2.5$）	2.6 日 （0.4~830 日）
大型藻类	37	$7.2 \pm 4.6 \times 10$ （$7.3 \times 10^{-4} \sim 1.5 \times 10^{3}$）	$7.6 \pm 1.8 \times 10^{-3}$ （$2.2 \times 10^{-4} \sim 5.8 \times 10^{-2}$）	131 日 （17~450 日）
苔藓	7	$2.1 \pm 0.26 \times 10^{-2}$ （$1.6 \sim 3.3 \times 10^{-2}$）	$1.8 \pm 0.27 \times 10^{-3}$ （$6.7 \times 10^{-4} \sim 2.8 \times 10^{-3}$）	560 日 = 1.5 年 （360~1500 日 = 4.1 年）

植物的类型组	考察的最大物种数	个体的质量平均值、标准误差和范围（干燥重量，克）	每天的死亡率平均值、标准误差和范围	半寿期的平均值和范围
蕨类植物	3		$2.6 \pm 1.0 \times 10^{-4}$ （$1.3\text{~}4.6 \times 10^{-4}$）	3800 日 $\approx$ 10.5 年（$2200\text{~}7700$ 日 $\approx$ 21 年）
海草	151	$3.1 \pm 0.37 \times 10^{-1}$ （$7.0 \times 10^{-3}\text{~}2.5$）	$2.5 \pm 0.35 \times 10^{-3}$ （$5.6 \times 10^{-5}\text{~}4.1 \times 10^{-2}$）	400 日 $\approx$ 1.1 年（$24\text{~}18000$ 日 $\approx$ 49 年）
土地和沼泽的草本	190	4.9 ± 2.4 （$1.8 \times 10^{-2}\text{~}1.2 \times 10^{2}$）	$5.8 \pm 1.5 \times 10^{-3}$ （$1.4 \times 10^{-5}\text{~}2.2 \times 10^{-1}$）	170 日 （$4.5\text{~}71000$ 日 $\approx$ 190 年）
多汁植物	12	$2.9 \pm 1.4 \times 10^{3}$ （$4.4 \times 10^{2}\text{~}6.1 \times 10^{3}$）	$8.9 \pm 2.2 \times 10^{-3}$ （$2.6 \times 10^{-5}\text{~}2.0 \times 10^{-2}$）	110 日 （$50\text{~}3800$ 日 $\approx$ 10 年）
灌木和攀缘植物	20	$5.9 \pm 3.2 \times 10$ （$4.5\text{~}1.8 \times 10^{2}$）	$1.1 \pm 0.6 \times 10^{-2}$ （$1.1 \times 10^{-4}\text{~}1.2 \times 10^{-1}$）	91 日 （$8.3\text{~}9100$ 日 $\approx$ 250 年）
红树林	30	$2.8 \pm 1.3 \times 10$ （$6.4 \times 10^{-1}\text{~}3.2 \times 10^{2}$）	$3.5 \pm 0.94 \times 10^{-3}$ （$2.4 \times 10^{-5}\text{~}2.3 \times 10^{-2}$）	290 日 （$43\text{~}42000$ 日 $\approx$ 114 年）
树木	230	$7.7 \pm 1.2 \times 10^{5}$、平均 770 千克 （11 克 $\sim 11 \times 10^{6}$ 克 = 11000 千克）	$2.9 \pm 0.53 \times 10^{-4}$ （$2.8 \times 10^{-7}\text{~}5.2 \times 10^{-3}$）	3400 日 $\approx$ 9.4 年 （190 日 $\sim 3.6 \times 10^{6}$ 日 $\approx$ 9900 年）
合计	728	$23 \pm 42 \times 10^{4}$ （$3.4 \times 10^{-15}\text{~}11 \times 10^{6}$）	$2.9 \pm 0.58 \times 10^{-2}$ （$2.8 \times 10^{-7}\text{~}2.5$）	340 日 （0.4 日 $\sim 3.6 \times 10^{6}$ 日 $\approx$ 9900 年）

注：半寿期为死亡率的倒数。（摘自参考文献 158 的表 1）。

图 6-10 是选取了 392 种植物必要的数据，以个体质量为横轴，左纵轴为日死亡率，右纵轴为半寿期，并以对数方式绘制的图形。从这张图中可以看出，对于这里考察的植物世界，存在一种相关性：质量越小，半寿期越短；质量越大，半寿期

越长。更准确地说，半寿期约为质量的 1/4（表示此结果的直线斜率为 95%，置信限为 –0.21 至 –0.23，相关系数 $r^2 = 0.77$），这是该研究的一个重要结论。但是，仅看树木，许多树种的数据集中在质量 $10^5 \sim 10^6$ 克（100~1000 千克）的范围内，树木的半寿期从 10 年到数千年不等，变化很大。因此，上述结论似乎并不适用于树木。

接下来，图 6–11 是一个对数图，其中横轴是新个体出生的概率（新生率），纵轴是死亡率，共 89 种植物。可以看出，这两个数字具有良好的正相关性（直线斜率的 95% 置信限 = 0.78~0.87，$r^2 = 0.84$）。排除单细胞光合生物（浮游植物），斜率为 0.88~1.01，更接近于 1，多细胞植物死亡率略低于新生率，可以看出各种植物都被设定为逐步增加的状态。

我尽可能多地搜索了本文引用的文献，寻找了它所依据的每个植物物种的具体数据，但文献并不容易看到（表 6-2 显示了我找到的文献数据）。因此，我不确定本文所依据的数据有多大确定性，但主要分析结果和结论应该是正确的。

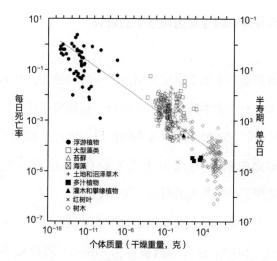

图 6–10　392 种植物的个体质量、每日死亡率(左纵轴)和半寿期(右纵轴)之间的关系对数图

注：根据参考文献 158 的图 1 资料绘制。

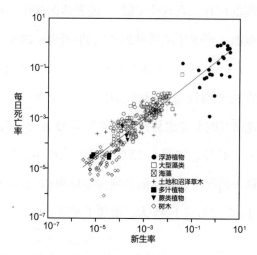

图 6–11　89 种植物的个体新生率与死亡率之间关系的对数图

注：根据参考文献 158 的图 3 资料绘制。

拟南芥寿命调控基因和分子的研究

拟南芥是本书第 2 章中介绍过的一年生植物，是研究植物遗传学和分子生物学较为常用的材料。植物寿命相关的遗传和分子水平的研究尚处于不太成熟的阶段，因此，拟南芥也被用于植物寿命的相关研究。虽然与寿命直接相关的研究仍然很少，但发现了两项最近的研究，介绍如下。

第一项研究，是关于基因的过度表达延长了叶片和植物寿命的研究（181）。这种基因被称为 CBF-2，可以提高植物的抗冻性。在这项研究中，将另一个 CBF-2 基因引入野生型拟南芥，与最初就具有的 CBF-2 基因一起表达，创建了一个过表达该基因的菌株。在这个 CBF-2 过表达菌株中，植物生长被延迟，例如，野生株从播种到开花的时间由 29 天 ±2 天延长到 36 天 ±3 天，平均延迟了 7 天。另外，发育初期像玫瑰花瓣一样在地表附近蔓延的莲座叶也比野生株小，但数量略多。这种莲座叶的寿命也从野生型的平均 33 天延长到了 47 天，延长了很多。此外，如图 6-12 的存活曲线所示，整个植物的寿命（在这种情况下，指从播种到一半植物死亡的时间）从野生株的约 34 天增加到了 45 天，增加了超过 30%。

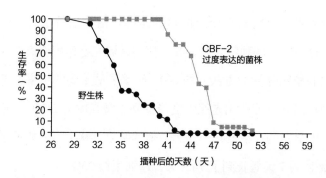

图6-12 野生拟南芥菌株和CBF-2基因过表达菌株的存活曲线
注：根据参考文献181的图4的一部分绘制。

已知CBF-2基因是一种转录调节因子，可调节各种其他基因的表达（从基因转录信使RNA）。为了专门研究该基因过表达的影响，在播种后40天从两个品系的叶子中提取了RNA。通过将它们与拟南芥的24000个基因中的每一个的DNA杂交并量化这些基因的信使RNA，研究每个基因的表达程度。结果，286个叶基因的表达发生了明显变化。表达水平改变的基因包括与各种类型应激相关的基因和各种蛋白质的代谢、降解和修饰等基因。这些结果表明，除了先前已知的对霜冻的抵抗力之外，CBF-2基因还调节其他转录调节剂和蛋白质修饰剂的基因转录，并影响发育过程。寿命延长效应是这些不同行为的结果之一。与其他情况一样，寿命延长也可能与生长缓慢有关。

第二项研究表明，降低对植物生长很重要的光强度可以延长植物的寿命（182）。众所周知，热量限制可以延长各种动物的寿命，进行这项研究的目的是调查植物是否也有类似现象，这项研究的独特之处，在于使用减弱光合作用所需的光作为限制植物热量的方法。图 6-13 显示了最重要的结果，即野生型拟南芥培养所用光照强度降低到正常强度的 2/3 时，存活曲线所显示的存活变化。作为数值的结果，从生根开始的平均寿命由 59.7 天延长到了 74.8 天，增加了约 25%。

　　该研究还考察了寿命延长与自噬之间的关系。自噬或自溶是指"细胞形成一个液泡，围绕其部分细胞质（线粒体、内质网等）并用溶酶体提供的水解酶消化它"。自噬被定义为由于饥饿等而被诱导产生（33）。有报道称在动物和酵母中，由于热量限制，这种自噬可以延长寿命，于是针对拟南芥也进行了类似研究，结果显示，自噬也通过减弱光而被激活。此外，当用自噬所需的基因 atg5 和 atg6 的突变体进行弱光实验时，几乎没有延长寿命。这些结果被认为在与热量限制相对应的条件下激活植物的自噬，结果之一是延长了植物的寿命。

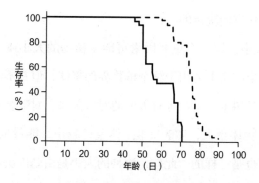

图6-13　光照强度减弱与野生型拟南芥的寿命延长
注：实线表示正常强度的光（150 μE/m² 秒），虚线表示弱光（100 μE/m² 秒）［根据参考文献 182 的图 1（B）资料绘制］。

决定植物寿命的因素

在这里，让我们总结一下影响植物寿命的因素，大体上可以分为植物本身的因素和环境的因素，两者具有相互关联性。

◆ 植物本身的因素

① 植物组：区分草本植物和木本植物，一年生草本和多年生草本植物，以及木本植物的裸子植物（针叶树）和被子植物（阔叶树）等，我认为是非常重要的思考路径。如前所述，木本（树木）长寿的原因是复杂的，还应该包括下面的因素，即针叶树寿命特别长的原因在于所含木质素的种类和数量以及树脂的分泌，植物不同物种的寿命差异，基本上被认为是由于

基因或进化方向决定的。

②大小：第二个重要因素可能是植物的大小或质量。这似乎是一个广义上适用于整个植物界的规律，但并不能准确对应，尤其是树木。动物也有类似的对应关系，对哺乳动物的解释是，生物体越大，体表面积/体重比越小，能量损失越低。植物或许也是一样的。此外，物种的大小是由基因决定的。

③生长速度：生长速度可能与寿命有关联性。木本植物中的针叶树（裸子植物）中有很多长寿的树木，比起阔叶树（主要是被子植物）来，针叶树主要生长在寒冷地区，温度越低，生长速度越慢，这可能是针叶树较长寿的原因之一。此外，有一些已知的例子表明，特定树木的个体树之间的生长速度和寿命是有关的。

一个例子是红松（Pinus montana）的研究（183）。科学家对瑞士国家公园高山上200棵枯死红松的年轮进行了研究，揭示了树木死亡时的寿命与树干直径的年生长速度之间的关系。研究结果显示，在最初的50年中，生长速度越慢，树的寿命越长（图6-14）。但是，如果最初50年中的生长速度很慢的话，红松可能会在很小的时候死亡。

另一个例子是美国的杨树（Populus tremuloides）研究（184）。近年来，美国西北部杨树枯死蔓延，为了阐明原因，科学家们调查了亚利桑那州北部杨树生长模式与死亡率之间的关系。结果发现，至少在过去的100年里，幸存树木的平均生长速度总是比枯死的树木更快。这是和赤松研究相反的结果，可见两者情况都存在。考虑到许多针叶树寿命很长，而且许多动物也是生长速度越慢，寿命越长，由此推测，生长缓慢有利于长寿应该是一个一般性的规律。

④ 器官的寿命：植物中一个器官的寿命有可能决定整个植物的寿命，如一年生草本叶片的寿命，多年生草本根的寿命等，都是与植物的寿命密切相关的器官。（185）

⑤ 休眠：在本章第 1 节中，我们有提到蜘蛛兰是一种寿命相对较短的草本，有些年份会休眠。这种休眠现象在一般植物中时有出现，休眠有可能可以延长植物的寿命。另一方面，植物种子可以有很长的寿命，这一事实也被认为是一种休眠。

⑥ 基因·分子水平因素：在拟南芥中，转录调节因子 CBF-2 参与了寿命的调节。与 CBF-2 的功能有关的因素有不少，其中一些可能与寿命的调节有关。

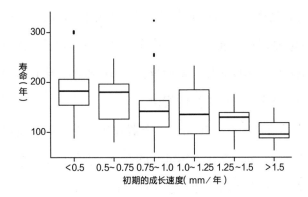

图6-14　红松初期生长速度与树龄的关系

注：粗水平线是中位数，四方形的底部、顶部是最小值的1/4和3/4处的值［根据参考文献183的图2（b）资料绘制］。

　　木本植物和草本植物之间的差异对于长寿来说非常重要，对两者基因组的比较也发现了大量被认为是木本植物特有的基因。杨树（Populus trichocarpa）是第一个被破译的树木（186），并与拟南芥的基因组进行了比较，拟南芥是第一个被破译的植物（187），比较的结果总结为以下4点：

　　1.形成层的存在和由此产生的木质部的形成是区分树木与草本植物的基本特征。参与木质部形成的纤维素合成基因存在于杨树中，有93个，比拟南芥的78个多。杨树中的三个基因在木质部形成过程中同时表达，还有一个基因是独特的，在拟南芥中未发现。此外，在拟南芥中发现了一些基因，每个有1个拷贝，而在杨树中发现分别有两个拷贝。参与木质素合成的基因（在纤维素旁边的细胞壁中含量丰富）有34个存在于杨树中，远多于拟南芥的 18 个。

2. 杨树有很多基因参与次生代谢产物的合成，如苯基化（苯环结合）苷、单宁、黄酮类和萜类化合物等。前两者在叶片、树皮和根中非常丰富，其中许多次生代谢物被认为有助于树木生长以及与害虫和微生物的相互作用。

3. 植物一般都有抵抗多种疾病的基因，最大的一组是一个叫作 NBS-R 家族的蛋白质基因，它有一个核苷酸结合位点和一个富含亮氨酸的重复序列，杨树有 399 个这样的基因，大约是拟南芥的 2 倍。这些抗病基因对树木的寿命应该非常重要。

4. 由于树木是大型植物，重要的是每年或每个季节从根部到叶子和树枝提供碳和氮等养分，并在植物中移动代谢物。反映这种需求的是，杨树实际上有 1722 个转运蛋白基因，大约是拟南芥的 2 倍。

这样一来，树木中就有了大量的树木特有的基因和分子，这些基因和分子被认为与树木的长寿有重要关系。未来，如果对寿命相对较长的多年生植物基因组进行分析，或许可以估计一年生植物和多年生植物与一年生草本植物拟南芥相比，寿命差异的原因。此外，虽然对植物寿命的分子水平的研究目前还没有太大进展，但预计未来研究将变得更加活跃。

◆ 环境因素

植物生长的环境条件是一个非常重要的整体因素。环境对一种植物物种的个体寿命以及在土地上生长的植物种类有很大影响。广义的环境条件包括土壤营养、土壤含水量、温度、受光强度和光量、风强、大气湿度、周围植食性、食草性害虫和动物的种类、该地区存在的病原体的种类和密度等多种因素，其中土壤营养和水分、温度和光照特别重要，这三者对植物的生长速度、大小和强度都有显著影响，进而影响寿命。此外，我们还提及了一个例子，即降低光强度可以延长拟南芥的寿命。

第 7 章

决定生物寿命的机制

7.1 从生死模式纵观生物的整体

各种生物的生存曲线

有一项非常大型的寿命研究，是将各种生物的生存曲线进行了比较，视角非常独特，内容也相当有趣，关于这项研究发表的论文中（188）共展示了46种生物的生存曲线图（graphs），其中有包括人类在内的11种哺乳动物、12种其他的脊椎动物、10种无脊椎动物和13种植物，其中人类包含了3种类型的图，所以共有48张图。我从中挑选了13种生物，呈现了其研究结果，如图7-1所示，选择的原则是尽可能选择了多样的，并且是读者较为熟悉的物种。除了生存曲线（粗线），还展示了生存曲线的决定性因素——死亡率的年龄变化曲线（虚线）以及生殖力的年龄变化曲线（细线），从中可以看出这些曲线之间的关系。图中横轴以年、月、日为单位表示生物体的年龄，起点（左端）是成年的时间，终点（右端）是生存率为5%（95%死亡）的时间。死亡率和生殖力都是将成体的平均值（用水平的细虚线表示）作为1，用相对值进行表示，左边的纵轴上标有刻度（0.0~25.0 或 0.00~5.0）。生存曲线从年龄的起点到终点，用向右下降的粗线表示，生存率的数值用图右侧 0.01~1 的刻度表示。

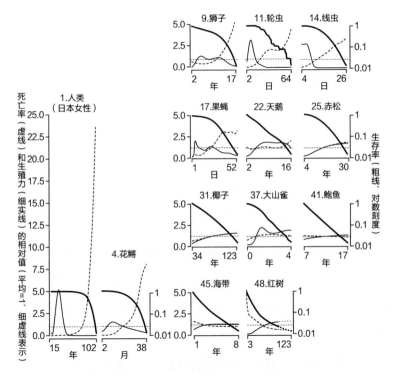

**图 7-1　各种生物的生存率（粗线）、死亡率（虚线）和生殖力（细实线）的
年龄变化**

注：横轴上的年龄，最左边的起点为成年的时间，最右边的终点是存活率为 5%
的时间。生物体前的数字是原图中图表的顺序。（摘自参考文献 188 的 Figure1 资
料）。

在制作图 7-1 的过程中，我尽可能在原图中挑选了具有适

当数据且尽可能多样化的生物体，每张图都是按照生物体生存曲线的形状排列的，其中人类的生存曲线明显向上方凸出，还有其他向上方凸出不明显的，或者几乎等同于直线的，以及向下凹陷的，图 7-1 也按照这个顺序进行了排列。从各种意义上讲，这些图都非常有意思，其结果大致可以归纳为以下几个要点。

通过观察，我们可以看出，所考察生物的一半以上（46 种中的 27 种），其死亡率曲线（虚线）都是向右上升的，死亡率随着年龄的增长而提高；但是，约占总数 1/4（46 种中的 11 种）的生物体——图 7-1 中的天鹅和鲍鱼——它们的曲线几乎是水平的，即死亡率是一定的；而 46 种中的 7 种——图 7-1 中的海带和红树——其曲线是向右下降的，即死亡率随着年龄的增长而下降。有物种的死亡率会随着年龄的增长而下降或者保持一定，这一点相当出乎人们的意料，也应该是这项研究最重要的发现了。

关于人类死亡率的具体数值，世界平均寿命 72 岁的 2/3 是 48 岁，这个数值应该是半寿期，它的倒数约为 0.02/ 年，应该是生涯的平均值了。人年轻时死亡率很低，不满 0.01/ 年，到了老年则急剧上升，100 岁时达到 0.5/ 年左右。

生存曲线的解读

生存曲线的类型（type）基本上由死亡率曲线决定，这是理所当然的，正如第 6 章所述，死亡率的倒数是半寿期。在生存曲线的类型中，将向上凸的称为 I 型，几乎水平的称为 II 型，向下凹的称为 III 型，I 型是最常见的。

死亡率变化类型或生存曲线类型与生物大分类之间的关系是复杂的，但各个群体还是具有一定的倾向性的。大多数哺乳动物和其他脊椎动物的死亡率都是逐步上升的，也就是生存曲线的 I 型。植物拥有全部 3 种类型，但死亡率虽然随年龄增长而提高，但其增速却会放缓。此外，死亡率下降或者说属于生存曲线 III 型的占比最高，这是非常具有特征性的。

图 7-1 横轴右端表示生存率达到 5% 时的年龄，其中最短的是线虫，为 26 日，最长的是椰子树和红树，为 123 年，最长是最短的 1700 多倍。原图中最短的也是线虫，但是最长的是水螅，为 1400 年，最长是最短的 2 万倍左右。寿命是由死亡率的绝对值决定的，与图 7-1 中死亡率相对值的类型无关。

繁殖是生物物种保存和延续必不可少的生命活动，若将更多的能量用于繁殖，那么维持个体所需的能量就会减少，从而可能导致死亡率增高和寿命缩短，所以生殖也就有可能影响死亡率曲线和寿命。不过，这是通过死亡率的变化得出的，生殖似乎也影响了死亡率的年龄变化，但是，即便查看所有的原始图表，也几乎看不到生殖力增高时死亡率也增高的趋势，所以一般认为生殖力对死亡率的影响并不是很大。关于生殖力，还有一个有趣的现象是，随着年龄的增长生殖力会出现各种变化类型。对人类而言，也许是寿命延长的缘故，只在相对年轻时具有生殖力，但对许多哺乳动物和脊椎动物而言，生殖力会在它们的一生中伴随很长一段时间（如狮子、天鹅、大山雀等）。此外，植物随着年龄的增长，有的生殖力会提高，如赤松、椰子等，有的几乎保持一定，如海带。在原始图表中没有发现植物随年龄递减生殖力下降的例子，这非常有特点，应该是植物的特性。

人类的老年期死亡率增加最为显著，但人类的寿命又很长。这可能因为伴随卫生条件的改善等社会的发展变化，人类到中年时期的死亡率绝对值有所降低，也可能与平均寿命的延长有关。研究中人类的数据使用的是 2009 年日本女性的数据，这可能是因为当时日本女性的寿命是世界上最长的，但是，102 岁生存率 5% 这个数据应该是不对的。

这篇题为《生物系统衰老的多样性》的论文，是第一个尝试以生死模式来观察和比较整个生物世界的研究，内容非常有趣，也非常有价值。不过，在这个研究中，死亡率是唯一被提出和探讨的衰老指标，基本没有提及衰老的内容，作为另外一个话题，衰老的内容本身应该也是非常有意思的。

7.2 动植物共同的寿命决定因素：基因与体形的大小

基因

对于动物和植物而言，基因和环境被认为是决定寿命的常见共同因素。环境对特定物种的平均寿命、个体生物的寿命有很大影响，但人们认为它与物种的最长寿命几乎没有关系，基因仍然是决定最长寿命的关键因素。基因是决定寿命的重要因素，这一结论始于线虫寿命基因的研究和发现，之后通过对果蝇、小鼠等寿命相关基因的研究得到确认和发展。人类也有类似的基因，人类的寿命也应该是由许多基因控制的。

对于寿命相关基因的决定性作用，最容易理解的例子是被称为遗传性早衰症的遗传疾病。遗传性早衰症是由于出生时携带了变异的基因，导致从年轻时就开始出现各种衰老症状、寿命缩短的遗传疾病。关于遗传性早衰症有两个例子是为众人所熟知的，其一是沃纳综合征，是一种常染色体隐性遗传病。也就是说，虽然父母双方都没有生病，但是如果他们各自的两条染色体上的致病基因都有一个发生了变异的话，那么在这对父母所生的孩子中，平均每 4 个就会有 1 个两条染色体上都发生变异，从而导致这种疾病的发生。这种疾病在年轻时会出现白发、动脉硬化、骨质疏松和糖尿病等症状，发生肿瘤（癌症）的概率也比较高，大多数会在 50 岁前死亡。这种疾病在 100 多年前就有过报道，直到 1994 年才发现了被称为 DNA 解旋酶的致病基因，即 WRN 基因，其功能是产生将通常为双链螺旋结构的基因 DNA 解旋成单链的酶。因此可以推测，沃纳综合征患者由于遗传 DNA 不能正常发挥功能和复制，表现出各种衰老症状而过早死亡，但具体的发病机制尚不明确。据估计，全世界患此病的人数约为 2000 人，其中 60% 以上是日本人。（91）（189）

遗传性早衰症的另一个例子是哈钦森 – 吉尔福德综合征（别名"早衰症"）。这是一种既悲惨又令人吃惊的疾病，患者在儿童时期便停止生长，身高只有 110 厘米，体重约为 15 千克，并伴有动脉硬化，平均寿命为 13 岁。图 7-2 是其中一位患者。与沃纳综合征一样，该病也是一种常染色体隐性遗传病，其致病基因于 2003 年被认定为一号染色体上的核纤层蛋白 A 基因。核纤层蛋白 A 是细胞核的膜（核膜）的组成成分之一，由于其基因异常导致核膜出现异常，核的功能不能正常发挥，从而导致很早就出现了衰老症状。该病的发病率极低，约 800 万人中才会有一人患病，目前在世的患者有 40 人左右（91）（190）。

在这两个例子中，DNA 解旋酶和核纤层蛋白 A 原本控制（规定）着细胞发挥基本功能所必需的蛋白质，由于其异常或缺损，衰老提前发生，从而导致寿命缩短，也就是说，这两个 S 基因没有一个是直接控制寿命的，所有决定寿命的基因都是这样间接参与进来的，包括在第 4 章中提到过的长寿基因——Sirtuin 基因家族也是一样。所有这些 Sirtuin 基因都是产生 NAD+（烟酰胺腺嘌呤二核苷酸）依赖性组蛋白脱乙酰酶的基因，通过酶的活性以及各种基因的表达和调节，发挥调节寿命和其他功能。

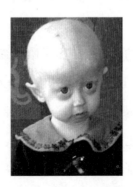

图 7-2　一位哈钦森－吉尔福德综合征患者
注：转载自参考文献 190。

体型的大小

对于植物而言，粗略来说，其大小或重量是决定所有植物死亡率和寿命的关键因素（参照图 6-10）。

当我们联想各种动物的例子时，也会觉得体形和寿命之间似乎存在着关联性，但是，因为没有找到具体相关的图表，于是我试着制作了图表。但是，关于动物寿命、体形大小和重量相关方面缺乏可靠的数据，所以暂且对 14 种哺乳动物的平均体重与最长寿命之间的关系加以概括，结果如图 7-3 所示。其中的 12 种哺乳动物是表 1-1 中寿命最长的动物，它们平均体重的数据是从其他文献（192）中得到的。这 12 种动物的体重相差非常大，从大约 3 克的鼩鼱到大约 90 吨的弓头鲸，平均体重的数值分布非常广。但在这 12 种哺乳动物中，没有体重在 100 克到 1 千克之间的动物，因此增加了体重在该范围的老鼠和地松鼠（ground squirrel），绘制了 14 种动物的双对数坐标图。从这张图可知，哺乳动物的平均体重和最长寿命之间存在明显的正相关。这个双对数坐标图上的直线是我随意画的，虽然没有在数值上准确地表示出二者之间的关系，但可以看出最长寿命几乎与平均体重的 1/3 次方成比例。由于动物的体重与体积成正比，体积与体长等的立方成正比，因此哺乳动物的最长寿命与其体长大致成比例。得到这样一个简单易懂的结论，还真是令人意外。人类距离图上表示平均体重 1/3 次方的直线最远,这反映了人类的最长寿命伴随着文明化进程被大大延长了。

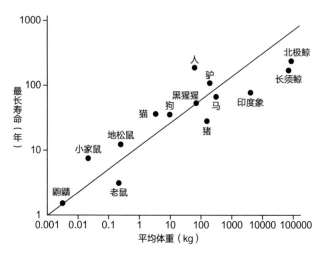

图 7-3　哺乳动物平均体重与最长寿命之间关系的双对数坐标图

注:用于平均体重和最长寿命的具体数值如下:鼩鼱 3 克,1.5 年。小家鼠 20 克,4 年。老鼠 200 克,3 年。地松鼠 260 克,12 年。猫 3.5 千克,35 年。狗 10 千克,34 年。人 60 千克,122 年。黑猩猩 70 千克,50 年。猪 150 千克,27 年。驴 200 千克,100 年。马 300 千克,61 年。印度象 4 吨,70 年。长须鲸 76 吨,116 年。弓头鲸 90 吨,211 年。[平均重量根据参考文献 192 和参考文献 1 的表 1.1.10(第 17、18 页)等,最长寿命根据表 1-1 和参考文献 1 的表 1.1.2(第 7~9 页)的资料]。

动物通过体表散发热量,体表面积与体长的平方成正比,而体积与体长的立方成正比。因此,作为恒温动物的哺乳动物,为了维持体温,越是体积小的动物,其单位体重所需的能量越大,这可能是体形与寿命之间存在正比关系的原因,因此,也有必要研究非恒温动物体形大小与寿命之间的关系。鱼是变温动物，并且多数鱼类的平均长度和最长寿命的数据是可以找到的，所以绘制了和图 7–3 一样的双对数坐标图，结果如图 7–4 所示，体长与最长寿命果然呈正相关，但不是成正比，最长寿命与平均体长的约 0.6 次方成正比。

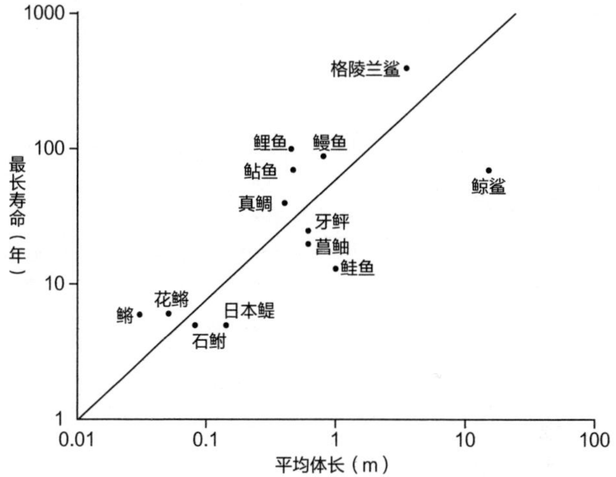

图 7–4　鱼类的平均体长与最长寿命之间关系的双对数坐标图

注：平均体重和最长寿命的具体数值如下：鲹 3 厘米，5 年。花鲹 5 厘米，5 年。石鲋 8 厘米，4 年。日本鳀 14 厘米，4 年。真鲷 40 厘米，40 年。鲤鱼 45 厘米，100 年。鲇鱼 47 厘米，70 年。菖鲉 61 厘米，20 年。牙鲆 61 厘米，25 年。鳗鱼 80 厘米，88 年。鲑鱼 1 米，13 年。格陵兰鲨 3.5 米，392 年。鲸鲨 15 米，70 年。［平均体长主要出自参考文献 192，最长寿命出自参考文献 1 的表 1.1.28（P.7）及参考文献 193］。

关于哺乳动物和鱼类，还没有发现任何报告，具体论述体型大小与寿命之间的关系，我这里总结的结果，可能是首次的相关报告。其他如脊椎动物和无脊椎动物等，也希望有相关研究出现，不过，这一类研究并不容易。可以推测的是，整个动物界可能都存在体重、体形的大小与寿命之间的正相关关系。

7.3 决定动物寿命的分子机制

关于动物寿命的决定机制，分子层面的研究也在积极开展中，但整体情况尚不清晰，究其原因，是因为涉及大量分子，机制复杂，在这里，我介绍两个相对而言结论已经比较清晰的例子。

首先的例子，是通过限制热量或饮食来延长寿命的机制。热量限制是唯一一个已被证明对线虫、果蝇、小鼠和类人猿具有延长寿命作用的共同条件（194），并且如第4章所述，热量限制也会对人类寿命产生积极影响，是很重要的健康指标。以线虫、果蝇和小鼠为考察对象，热量限制延长寿命的分子机制概要如图7–5所示。从历史上看，对线虫寿命的研究最早，盛行于1990年左右，之后以此为参考，陆续对果蝇和小鼠进行了研究。

图中长箭头表示信号的传导路径，特定因子或功能前面的向上箭头表示对该因子活性或功能具有促进作用，向下箭头表示抑制作用。比较这三种动物的传导路径图可以发现一些共同点。三种动物的共同因子（蛋白质）包括：TOR（雷帕霉素的靶标，参照第3章）和S6激酶（蛋白激酶），此外，包含这些因子的信号传导路径如下：热量限制→TOR抑制→S6激酶抑制（→蛋白质合成抑制）→长寿。这种共同的路径意味着热量限制抑制了TOR的活性，导致S6激酶的活性也被抑制，从而实现了长寿。其机制如下：①TOR本身是一种蛋白激酶，具有通过磷酸化来调节S6激酶和许多其他蛋白质活性的功能，由于热量限制磷酸化活性受到抑制，S6激酶的磷酸化减弱。②S6激酶通过将蛋白质合成（翻译）中所必需的核糖体蛋白之一磷酸化，激活翻译功能，但由于其自身的磷酸化减弱，翻译水平有所降低。TOR还通过与药物雷帕霉素结合来抑制其磷酸化酶的活性，这是雷帕霉素寿命延长机制的第一步，这也出现在果蝇和小鼠路径图中。

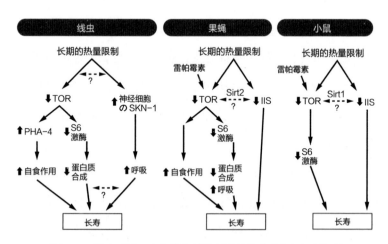

图7-5 线虫、果蝇、小鼠的热量限制诱导长寿的分子机制概要

注：TOR表示雷帕霉素的靶标，Sirt2和Sirt1是长寿基因Sirtuin 2和Sirtuin 1产生的蛋白质（基于参考文献191的Figure3资料绘制）。

线虫和果蝇路径中的自噬作用（自噬）是指在饥饿或热量限制期间分解细胞成分再利用的机制。由路径图可知，本书第4章第9节中介绍的长寿基因 Sirt2、Sirt1 在果蝇和小鼠的寿命调节中也发挥了作用，但其机制尚不清楚。在果蝇和小鼠中，也存在着以胰岛素或 IGF-1（胰岛素样生长因子Ⅰ）开始的信号传导路径（胰岛素 /IGF-1 信号传导路径，图中的 IIS）。也就是说，图中长箭头所表示的信号传导路径，具体而言就是蛋白质等因子的结合以及磷酸化等化学修饰，以及由此产生的蛋白质酶的活性等机能不断变化的过程。

从该图中可以看出，热量限制通过调节蛋白质的合成、自噬和呼吸激活等达到延长寿命的效果。此外还可以看出，热量限制延长寿命这一重要现象，在动物界中是一个共同的机制。此外，在图中，PHA-4 表示参与线虫咽部发育的基因产生的蛋白质，SKN-1 表示参与上皮细胞产生的基因产生的转录因子。此外，IIS 除热量限制外还具有其他多种功能，它是最重要的信号传导路径之一。该路径及其影响的下游途径可能涉及100 多种因子。由于内容比较专业，此处不再赘述。

另一个例子是相反的例子，是关于缩短寿命的衰老机制。衰老也是因为各种因素和机制发生的，图 7-6 显示了基因 DNA 的损伤和线粒体功能障碍相互作用并导致细胞衰老的机制。遗传性早衰症就是基因 DNA 的功能和复制障碍导致的过早衰老和寿命缩短的例子。这个图还和长寿基因 Sirt1 有关。

就整体而言，衰老都是不可避免的，但有效预防各种衰老机制中的某一种机制，就有可能在一定程度上延长寿命。由图 7-6 可知，理论上，如果以某种方法提高 NAD+（烟酰胺腺嘌呤二核苷酸）的细胞内浓度的话，就可以防止线粒体功能下降，从而有可能抑制衰老。图中，PARP1 是聚 ADP 核糖聚合酶 1，PGC1α 是过氧化物酶体增殖物激活的受体 γ（PPARG）共激活因子 α（PPARGC 1A）。

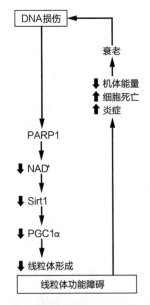

图 7-6 DNA 损伤和线粒体功能障碍导致衰老的分子机制概述

注：PARP1 是聚 ADP 核糖聚合酶 1，NAD+s 是烟酰胺腺嘌呤二核苷酸，PGC1α 是过氧化物酶体增殖物激活的受体 γ（PPARG）共激活因子 α（PPARGC 1A）。SIRT1 与上一张图一样，是长寿基因 Sirt1 产生的蛋白质（基于参考文献 194 的 Figure1 资料绘制）。

图 7-6 摘自 2010 年一篇论述衰老的综述（191），这篇综述对胰岛素 /IGF-1 信号传导系统、TOR 信号传导系统、AMP 激酶、长寿基因 Sirtuin 等与衰老和寿命相关的重要路径和因子进行了说明。此外，图 7-6 的出处是一篇关于寿命和衰老的较为全面的、最新的综述，题为"寿命的代谢调节"（194），其中记录了许多衰老机制和对抗它们的长寿策略，有兴趣的读者可以参考。

7.4 决定植物寿命的机制特征

植物寿命的一个主要特征是，很多植物的寿命都比动物长。对于动植物而言，长寿的原因就是长寿的物种能够结集成群，成为群落生物，不过，同样是群落生物，如第 1 章和第 2 章所述，最长寿命的植物约为 40000 年，而最长寿命的动物约为 4000 年，植物是动物的大约十倍。此外，非群落的个体生物最长寿命纪录里显示出同样特征，动物中寿命最长的是北极蛤（表 1–3），为 507 年，植物中寿命最长的是五叶松（表 2–1），为 5062 年，植物比动物高了一个数量级。

决定植物寿命的决定性因素在第 6 章中已经论述过了，其中，如本章第 2 节所述，基因和体形大小是决定动植物寿命的共通因素。植物特有的因素包括一年生草本、多年生草本和木本（树木）之间的差异，以及生长速度差异和器官寿命差异等。一年生草本、多年生草本和木本（树木）之间的差异是主要因素，并且是植物特有的。即使是多年生草本植物，如第 6 章中提到的 Borderea，其最长寿命大概是 300 多年，这与寿命超过 1000 年的树木相比，还是有差别的。

树木长寿的原因在第 6 章第 3 节已经详细论述，主要有以下几点：①它们结构强硬，可以支撑庞大的身躯；②与动物不同，它们的身体结构简单且不需要移动，所以即使衰老的身躯大部分已经死亡，依旧可以存活；③负责物质输送的维管束系统和生殖功能所必需的细胞分裂组织维持功能强；④作为植物的一般特性，即便高龄也不会导致生殖功能的下降（参照本章第1节）等。

关于分子层面的植物寿命决定机制的研究，第6章第5节介绍了两三个例子，但进展远不如关于动物的研究，目前不得不说还是知之甚少的，因此，此处暂做省略。

第 8 章

延长我们寿命的关键

饮食、运动、人生价值、压力

人们常说，饮食、运动、人生价值、压力是影响人类寿命的关键，对此我也表示赞同，可以肯定的是，这四个关键因素都非常重要。但是，实际上，人生价值可能是最重要的，如果你认为自己的人生没有价值，那就去找些你喜欢的或重要的东西，来创造自己的人生价值。至于压力，如果是身体上的，且持续时间较长的话，就有可能造成疾病或伤痛，并且缩短寿命。如果是精神上的，压力过大也会导致寿命缩短。不过，如果完全没有压力的话，反而有可能变得痴呆，所以适当的压力对健康和长寿应该是有益的。

另一方面，长寿关键因素还有其他各种表达方式。《营养学原理》（195）中写道："睡眠良好、饮食均衡、排泄通畅是保持身心舒畅的关键。"此外，2005 年，日本厚生劳动省提出的健康前沿口号是"一运动，二饮食，全面戒烟，最后吃药"，这里明确提出，除饮食和运动之外，睡眠和吸烟是影响寿命的最重要因素。接下来，将对本书第 4 章中提到的影响人类寿命的因素，以及此处提到的排便等，能够延长我们寿命的因素进行总结。

饮食

①热量

热量摄入过多会导致肥胖，前面第 4 章的第 1 节分析指出，由于各种原因，肥胖会缩短寿命，因此，控制热量摄入是非常重要的。表 8-1 是根据日本厚生劳动省的《日本膳食摄入标准（2020 年版）概要》(196) 得出的每日热量需求量，在该表中，每日热量需求量分别按年龄、性别、三个身体活动等级（Ⅰ、Ⅱ、Ⅲ）记录在内。将安静状态所需热量 = 基础代谢量作为 1.0，身体活动等级处于低水平（Ⅰ）时，热量摄取为 1.40~1.60 倍，正常水平（Ⅱ）活动量时，热量摄入为 1.65~1.75 倍，高水平（Ⅲ）活动量时，热量摄入为 1.95~2.00 倍 (197)。例如 50~64 岁且活动等级为Ⅱ的男性每日所需热量为 2600kcal，女性为 1950kcal。但这些数值是基于这个年龄的日本人的平均体质（男性：体重 68.0 千克，女性：体重 53.8 千克）得出的，它与体重成正比，所以应该会随着体重增加或减少。关于每日所需热量的年龄变化，需求量最大的是 15~17 岁活动等级为Ⅲ的男性，为 3150kcal，12~14 岁活动等级为Ⅲ的女性，为 2700kcal，之后一直到 75 岁为止，每日所需热量为二者的中间值。

　　该膳食摄入标准以 2015 年版为基础，并对其中存在的问题进行了讨论和必要的修正，但该标准的制定依据却是复杂而不明确的。

表 8-1　推测能量需求量（kcal/ 天）

性别	男性			女性		
身体活动等级 1	Ⅰ	Ⅱ	Ⅲ	Ⅰ	Ⅱ	Ⅲ
0 ~ 5（月）	—	550	—	—	500	—
6 ~ 8（月）	—	650	—	—	600	—
9 ~11（月）	—	700	—	—	650	—
1 ~ 2（岁）	—	950	—	—	900	—
3 ~ 5（岁）	—	1300	—	—	1250	—
6 ~ 7（岁）	1350	1550	1750	1250	1450	1650
8 ~ 9（岁）	1600	1850	2100	1500	1700	1900
10~11（岁）	1950	2250	2500	1850	2100	2350
12~14（岁）	2300	2600	2900	2150	2400	2700
15~17（岁）	2500	2800	3150	2050	2300	2550
18~29（岁）	2300	2650	3050	1700	2000	2300
30~49（岁）	2300	2700	3050	1750	2050	2350
50~64（岁）	2200	2600	2950	1650	1950	2250
65~74（岁）	2050	2400	2750	1550	1850	2100
75（岁）以上	1800	2100	—	1400	1650	—

孕妇（附加量）3 初期		+50	+50	+50
中期		+250	+250	+250
后期		+450	+450	+450
哺乳期妇女（附加量）		+350	+350	+350

注：1 身体活动等级分为低级、正常和高级三个等级，分别用Ⅰ、Ⅱ和Ⅲ表示。

2 等级Ⅱ对应的是能够自立的人，等级Ⅰ对应的是宅在家里很少外出的人。等级Ⅰ的数值也可以用于在老人院中以接近自立状态生活的老年人。

3 需要评估每个孕妇的体质、孕期体重增加量以及胎儿的发育状况。

说明 1：使用时，要评估膳食摄入状况，把握体重和 BMI，能量是过剩还是不足可以根据体重或 BMI 的变化进行评估。

说明 2：从维持和改善身体健康的角度来看，在身体活动等级Ⅰ的情况下，为了维持低能量消耗与低能量摄入之间的平衡，从保持和增进健康的角度讲，有必要增加身体活动量。

（转载自参考文献 196）。

②蛋白质、脂肪、碳水化合物

膳食摄入标准（2020 年版）中还显示了按照不同性别、不同年龄分类，蛋白质、脂肪和碳水化合物分别占总热量比例的目标量。表中数值和中间值（括号内）分别为蛋白质 13%~20%（16.5%）、脂肪 20%~30%（25%）、碳水化合物 50%~67%（58.5%），即蛋白质占比 15% 以上，脂肪约为 25%，碳水化合物约 60%。由于每克蛋白质和碳水化合物产生的热量为 4kcal，脂肪为 9kcal，因此，应摄入营养素的量，其比值的中值为 16.5、11、58.5，分别约为 19%、13%、68%。

另一方面，在蛋白质的膳食摄入标准表中显示了成年人每日的推测平均需求量（男性 50g，200kcal；女性 40g，

160kcal）和推荐摄入量（男性 60~65g，240~260kcal；女性 50g，200kcal）。这些蛋白质的量与上述 50~64 岁以上人群（活动等级Ⅱ）的推测能量需求量（男性 2600kcal／日，女性 1950kcal/日）相比，仅占 8% 或 10% 左右，低于目标蛋白质热量占比的最低值 13%。74 岁以下成年人的推测能量需求量虽然高于 75 岁以上的人，但是所有成年人的蛋白质需求量和推荐摄入量都是相同或几乎相同的，因此大多数成年人的蛋白质占比远低于 10%，这与目标蛋白质占比的中值 16.5% 相差甚远。这样看来，在 2020 年膳食摄入标准中，内容之间不具有整合性，"目标量"的设置主要是为了预防生活习惯病的发生，因此刻意设置为比推荐摄入量更高的数值。那么现如今（2020 年），为了健康和长寿，最佳的蛋白质摄入量到底是多少呢？这个问题如第 4 章第 3 节所述，尚未得出明确结论，至于调查结果，有的是量少（大约 10%）比较好，有的是量多（15%~20%）比较好，两种结果现在都有。

因此，蛋白质摄入量目前由每个人自行决定，即使认为占比高较好，但是达到 20% 的话，也还是有危险可能的，因此15% 左右应该相对安全。我认为量少（约 10%）一点比较好。其理由之一如第 4 章第 3 节所述，在美国的实验性研究中比较了饮食中蛋白质比例高（20% 以上）、比例低（10% 左右）以及介于两者之间的 3 个小组的死亡率，发现一直到 65 岁，饮食中蛋白质还是少一点（大约 10%）比较好，这是一个非常重要的结论。另一个理由是，葡萄牙和日本冲绳百岁老人的研究（第 5 章）表明，百岁老人吃肉是比较少的。

关于蛋白质还有一点比较重要，那就是它的内容。第 4 章第 3 节中介绍的一些研究表明，植物蛋白优于动物蛋白。肉类和鱼类等动物性食物中含有大量不利于身体健康的氨基酸——蛋氨酸（198），肉类还含有大量脂肪以及不利于健康的饱和脂肪酸。但是，鱼类含有大量 DHA 等优质脂肪酸，从这点讲，鱼类比肉类要好。因此，关于蛋白质的摄入，相较于肉类，更推荐多摄入一些豆类植物蛋白和鱼类。大豆蛋白质的蛋氨酸含量很低（195），"2013 年食品成分表"显示，所有氨基酸的蛋氨酸占比中，大豆为 1.4%，瘦牛肉为 2.7%。

关于脂肪，膳食摄入标准的目标是不利于健康的饱和脂肪酸的热量占比，成人应该低于 7%。

③其他营养素

膳食摄入标准（概要和报告）中包括一个庞大的表格，显示了各种营养素按性别和年龄划分的需求量。在这里，我只简单介绍一下膳食纤维和主要维生素及矿物质。膳食纤维主要指来源于植物的纤维素和木质素，它们不会被人体消化酶消化。在日本，动物性食品中的甲壳质、壳聚糖等也被定义为膳食纤维，但不同的国家定义有所不同（195）。在膳食摄入标准概要中，膳食纤维每日的目标量为成年男性 20 克以上，成年女性 18 克以上。因为膳食纤维在膳食摄入标准概要中占有一席之地，所以它看起来应该是非常重要的，但实际上可能只是因为它的"通便"作用而已。我们会使用"20 克膳食纤维"这种说法，但是因为我们不知道某种食物中究竟含有多少膳食纤维，所以要确定必要食用量是很难的，因此建议大家多吃蔬菜。

接下来是成人每日膳食摄入标准概要中，主要维生素和矿物质的每日推荐摄入量和标准摄入量汇总，见表 8-2。如果这个量是一个范围的话，说明不同年龄摄入量存在差异，30~49岁壮年期的人需求量最高，超过 70 岁就比较低。然而，要确切知道哪些食物中含有哪些营养素，以及什么食物应该吃多少，其实是件非常困难的事情，而且也是不可能的。但是，如果能够做到均衡饮食的话，就能大致获得所需的维生素和矿物质了。我因为对此稍微有些在意，所以每天服用含有几乎所有表中维生素和矿物质的复合维生素矿物质补充剂，建议有同样担心的读者也可以采取这个方法。此外，对于维生素 B6、维生素 D、维生素 E、烟酸和叶酸，除了推荐摄入量外，还有"可耐受最高摄入量"，摄入过量也可能会出问题。如果想了解维生素和矿物质各自在人体内的功能和必要性的话，可以参考营养学相关书籍（195）。

表 8-2　成人每日摄入主要维生素和矿物质的标准

营养素	推荐摄入量和标准摄入量		营养素	推荐摄入量和标准摄入量	
	男性	女性		男性	女性
维生素 A	850~900 μgRAE	650~700 μgRAE	维生素 E	6.0~7.0 mg	5.0~6.5 mg
维生素 B1	1.2~1.4 mg	0.9~1.1 mg	钙	750~800 mg	600~650 mg
维生素 B2	1.3~1.6 mg	1.0~1.2 mg	镁	320~370 mg	280~290 mg
维生素 B6	1.4 mg	1.1 mg	磷	1000 mg	800 mg
维生素 B12	2.4 μg	2.4 μg	铁	7~7.5 mg	6~6.5 mg
烟酸	13~15 mgNE	10~12 mgNE	锌	10~11 mg	8 mg
泛酸	5~6 mg	5 mg	铜	0.8~0.9 mg	0.7 mg
生物素	50 μg	50 μg	锰	4.0 mg	3.5 mg
叶酸	240 μg	240 μg	碘	130 μg	130 μg
维生素 C	100 mg	100 mg	硒	30 μg	25 μg
维生素 D	8.5 μg	8.5 μg	铬	10 μg	10 μg

注：RAE = 视黄醇活性当量，NE = 烟酸当量，说明均依据参考文献。（根据参考文献 196 绘制）。

④长寿者的饮食与未来的理想长寿饮食

在《国家地理》杂志上有一篇报道（199），介绍了世界上四个长寿人口众多的地区以及当地的饮食特色，这四个地区分别是①地中海地区意大利撒丁岛的努鲁，②中美洲哥斯达黎加的尼科亚地区，③日本冲绳，④美国加利福尼亚州的洛马琳达。关于冲绳百岁老人的饮食特点，在第 5 章第 2 节已经介绍过了。这篇报道的作者制作了这些地区 100 年来的食品清单并进行了分析，其结果是，直到 20 世纪下半叶，这些地区均以全谷物、叶菜类、坚果、马铃薯等块茎类和豆类为主要食物，平均一个月吃五次肉，几乎或从不喝牛奶，第5章第3节介绍的葡萄牙百岁老人饮食与之类似。对于那些追求长寿的人来说，这个饮食结构可能会有所帮助。但是，所有这些地区都在相对温暖的亚热带、热带，不知在较为寒冷的地区是否依然有效。

在同一篇报道中，还介绍了2019年EAT-Lancet委员会（EAT-Lancet Commission）发表的一篇题为"可持续食材系统的健康膳食"的报告（摘要）（200）。根据2019年联合国的报告（201），世界人口为77亿，预计2050年将达到97亿。基于这一预测以及当前的全球环境、粮食生产等问题，该报告指出未来有必要转向可持续且有利于身体健康的饮食，并提出了推荐饮食的具体内容。

我根据推荐饮食的内容，制作了表8-3。在这个表中，推荐摄入量较高的第一名是蔬菜，第二名是乳制品，第三名是谷物，热量较高的第一名是谷物，第二名是蛋白质来源，第三名是添加脂肪。按照这种饮食方式，预计一天中摄入的蛋白质和脂肪的热量分别为294kcal和739kcal，约占总热量2500kcal的12%和30%，因此，碳水化合物的占比应该是58%。这种饮食的第一个特点是动物性食物非常少（热量占比为11%）。与此同时，作为蛋白质来源摄入的食物量的约60%和热量的约80%都来自植物性食物（坚果和豆类）。第二个特点是与第

②项中日本人现在的膳食摄入标准（热量的推荐摄入量中值为蛋白质 16.5%，脂肪 25%，碳水化合物 58.5%）相比，蛋白质特别少而脂肪比较多。

表 8–3　EAT–Lancet 委员会推荐的健康饮食内容（1 日量）

食品		摄入量及其范围（g）	热量摄入（kcal）	食品		摄入量及其范围（g）	热量摄入（kcal）
粮食（大米、小麦、玉米等）		232	811	添加脂肪	不饱和油	40（20~80）	354
蛋白质来源	猪牛羊肉	14（0~28）	30		饱和油	11.8（0~11.8）	96
	鸡等禽肉	29（0~58）	62		合计		450
	蛋	13（0~25）	19	乳制品		250（0~500）	153
	鱼	28（0~100）	40	水果		200（100~300）	126
	豆类	75（0~100）	284	添加糖		31（0~31）	120
	坚果	50（0~75）	291	蔬菜		300（200~600）	78
	合计	209	726	淀粉类蔬菜（马铃薯等）		50（0~100）	39

注：每天摄入约 2500kcal 时的数值。带下划线的数字表示三个最高的摄入量和热量。（基于参考文献 200 的表 1 绘制）。

　　表 8–3 是本书中最详细的饮食内容，因其易于实行且强调减少疾病、有益健康，所以具有重要参考价值，此外 EAT–Lancet 委员会还称，这样的饮食每年可以挽救全世界超过 1000 万人的生命。然而，由于这份报告只是一个总结，文中完全没有提供任何依据，因此饮食推荐的依据也并不明确，所

以不知道它的可信度到底有多少。该饮食结构与世界上百岁老人较多地区的饮食内容非常相似，可能这就是它的依据吧。我认为这样的饮食对想要长寿的老年人是有好处的，但是对处于20~60岁的青壮年，尤其是从事体力劳动的人来说，就缺少动物蛋白质了。此外，表中包含了相当多的坚果，也是一个问题，比如，花生的脂肪酸被认为不利于身体健康，大量的坚果供应也有可能成为问题。

肉类是典型的动物性食品，但健康绝不是减少肉类食品摄入的唯一原因。大量的玉米等谷物被用于饲养牲畜以供肉食，导致农地被大量使用，森林砍伐加剧，含磷和氮的化肥使用泛滥，据析这是全球环境破坏加剧的重要原因。该报告还提出了全球废弃物减半和减少温室气体排放的重要性，是一个非常全面的全球未来计划。而饮食的变革，就是它的关键所在。有兴趣的朋友，请阅读参考，今后，应该有可能发表更为详细且有据可依的提案。

肥胖

幸运的是，日本很少有肥胖的人，如前面的章节所述，肥胖是影响寿命的主要消极因素，原因是它直接会导致高血压和动脉硬化，间接会导致内脏脂肪堆积从而引发糖尿病。如表4-2所示，BMI大于27.5（超重等级为2级、肥胖等级为1~3级）

时，死亡风险为 1.2 以上，这时寿命就会缩短。这样的人需要通过减少热量摄入以及适量的运动使 BMI 降到 25 左右。

运动

运动和饮食一样是影响寿命的重要因素。如图 4-8 所示，每周进行适量的运动，死亡风险可以降到运动量为零时的60% 左右。运动量或身体活动量可以科学地测量，再加上运动时间，可以以 METs/ 小时为单位表示，由表 4-4 等可知具体数值。在家里的日常活动也是轻量运动，即使是步行、体操等相对轻量的运动，如果每天坚持的话，可以达到每周 20~40 METs/ 小时的运动量，能够使死亡风险降到最低。推荐步行或骑自行车上下班，这样的运动量也是足够的。

如果不能每天都运动，那么你可以在周末慢跑，骑自行车，或者做一个较长时间的散步。久坐是个问题，推荐每过 1 小时就起来走一走或者稍微活动一下身体，可以改善血液循环，转变心情，从而提高工作效率，每天长时间坐着工作的人尤其需要运动（图 4-9）。运动之所以能延长寿命，是因为它能降低饭后血糖和胰岛素水平，减少脂肪堆积，改善血压和高血脂，从而大大降低心血管疾病和癌症的死亡率。

睡眠

"良好的睡眠"是健康的三大要义之一，睡眠对长寿非常重要。图 4-5 显示了睡眠时间与死亡风险之间的关系，由此可知，平均每天睡 5~8 小时是较为适宜的。日本的一项调查结果显示，睡眠时间不足 5 小时的话，死亡风险和患痴呆症的风险都会变得相当高（>2）。平均 6~7 小时的睡眠最有利于长寿。遇到睡眠不足的时候，需要 6 个小时以上的睡眠。睡眠质量也是很重要的，但在本书中暂时省略不记。为了获得良好的睡眠，建议傍晚散步，适量运动，晚餐八分饱，洗澡和抛掉压力。关于睡眠质量、安眠药、良好睡眠的要点等，请参考《睡眠的为什么》（日语书名为《睡眠のなぜ? に答える本》）（202）一书。

排便

虽然在第 4 章中完全没有提到排便，但"睡眠良好、饮食均衡、排泄通畅，是保持身心舒畅的关键"，所以，排便对保持健康和延长寿命非常重要。根据《医学大辞典》（91）记载，健康的人通便或排便的次数为每日 1~2 次，便秘的话则往往 3 天到数天 1 次。即使排便的次数是正常的，量少或者便硬也称为便秘。如果便秘恶化，会引起严重的肠道异常，即使没到这种程度，也可能会引起腹痛和食欲不振，不利于身体健康。大多数便秘是习惯性或功能性的，原因是肠道紧张和蠕动不足（203）。进餐的刺激会使大肠变得活跃，所以建议在饭后，尤其是在早饭后为了促进排便，养成坐马桶的习惯。此外，为了缓解便秘，要多摄入膳食纤维，必要时服用溶胀性泻药（氧化镁）也是有效的。

癌症

根据 2017 年人口动态统计（确定数），日本人死亡原因的第一位是恶性肿瘤（癌症），占 27.9%，第二位是心脏病，占 15.3%，第三位是脑血管疾病，占 8.2%，第四位是衰老，占 7.6%，第五位是肺炎，占 7.2%（204）。由这个数据可以看出，癌症是死亡的主要原因，毫无悬念占据着第一位。按患病部位划分死亡率的话，男性第一位是肺，第二位是胃，第三位是肝和肝内胆管，第四位是结肠，第五位是胰腺；女性的话第一位是肺，第二位是结肠，第三位是胰腺，第四位是胃，第五位是乳房。结肠是指除肛门前端较短的直肠之外的大部分大肠。无论男女，第一位都是肺，在前五名中，胃和结肠也是男女共通的。在去年的男女合计死因排名中，肺炎从第三位下降到了第五位，脑血管疾病和衰老的排名则分别上升了一位。

现在已经明确的是，大多数癌症是由三种或四种基因各自发生突变，叠加所造成的。这样的基因可能有数十种，被称为癌基因或原癌基因，代表性的几个有 Ras 基因、MYC 基因、P53 基因等。因此，减少基因突变是降低癌症发病率的方法。基因突变是由于各种机制自然发生的，但是，有一些物质可以诱发变异，提高变异率。在致癌方面，现实中最大的问题是吸烟时，烟雾中的致癌物质被吸入且被吸收，这会提高肺癌和其他癌症的发病率。据说烟草的烟雾中含有苯并 [a] 芘和二甲基亚硝胺等约 70 种致癌物质，例如，危害最大的苯并 [a] 芘在体内被激活后，与 DNA 结合发生突变（92）（205）。通过戒烟以及健康检查实现早发现、早治疗，可能是应对癌症的有效方法。此外，大多数胃癌是由幽门螺杆菌感染引起的，利用抗生素将其清除是有效的方法。

吸烟

正如第 4 章第 6 节详细论述的那样，吸烟是寿命缩短的一大原因。从年轻时就开始吸烟的人，其死亡风险大约是不吸烟的人的两倍，平均寿命缩短十年左右，其中一个重要的原因是，香烟烟雾中的致癌物质会导致基因突变，从而引起肺癌和其他癌症。另一个重要的原因是，香烟烟雾会加速动脉硬化，而且烟雾中的尼古丁有收缩血管的作用，这会大大增加患心血管疾病的风险（206）。在近 50 年间，日本吸烟者的比例大幅下降，这是一个非常好的现象。即便是长期吸烟的人，如果能够戒烟，死亡率也会下降。

高血压和糖尿病

2019 年，相关学会提出将高血压标准降低至收缩压 130mmHg 以上，之前的标准是 140mmHg 以上。日常生活中收缩压平均 140mmHg 以上的人的确是患有高血压的，如图 4–17 所示，收缩压在 140~159（高血压 1 级）和 160 以上（高血压 2 或 3 级）的人，其死亡率大约是收缩压低于 120 的人的两三倍。这是因为高血压很容易引起心血管疾病和脑血管疾病，它们位于死亡原因的第二位和第三位。预防高血压的要点包括 ①控制饮食中的盐分 [男性每日 7.5 克以下，女性 6.5 克以下（2020 饮食摄入标准）]，防止血压升高；②防止热量摄入过多导致肥胖，肥胖人群要控制体重；③通过适度运动改善血液循环，降低血压的同时还能抑制肥胖。

空腹血糖 126mg/dL 以上或随机血糖 200mg/dL 以上的话，就有可能患有糖尿病，需要经过二次确认，通过验血，如果 HbA1c 在 6.5% 以上就可以确诊为糖尿病。在日本，超过 95% 的糖尿病患者是 2 型糖尿病，它同高血压一样是一种典型的生活习惯病、成人病。糖尿病是动脉硬化的危险因素，还有可能引起肾炎、视网膜病和神经障碍等各种疾病（第 4 章第 7 节）。

2型糖尿病的病因是热量摄入过多、肥胖、运动不足和压力（207）。所以饮食热量摄入均衡，适量和适当地进行运动，是预防糖尿病的关键。

肺炎

肺炎位于日本人死亡原因的第五位，但对于70岁以上的老人来说，不论男女，肺炎都出现在了死亡原因的第四位、第三位或第二位，说明年龄越大，肺炎的死亡率越高，原因之一，是因为老年人自身免疫能力下降。当免疫力降低时，仅靠抗生素是无济于事的。当老人出现咳嗽、发烧等肺炎疑似症状时，尽早治疗是非常重要的。为了预防肺炎，需要注意膳食，积极活动，保持良好的健康状态。

健康检查和诊断

为了能够健康长寿，需要戒烟，需要控制体重，并努力预防高血压、糖尿病等疾病。一般而言，戒烟对预防癌症很重要，清除幽门螺杆菌则能有效预防胃癌，但即便如此，癌症仍然可能发生在任何地方的任何人身上，所以各种疾病的早期发现和治疗对长寿很重要。为了及早发现疾病，需要定期进行适当的健康检查或健康诊断。

我从 50 岁左右开始到 70 岁，基本上每两年接受一次名为"短期住院体检"的全面健康检查。结果在 50 多岁的时候，发现直肠上长了息肉，医生建议做大肠内窥镜检查，于是发现了大肠内的多个息肉并将其切除。其中一个切除的息肉据医生讲有癌变的可能性，通过这次息肉切除，我的寿命可能也延长了几年吧。鉴于上述的检查结果，我之后又数次接受了大肠内窥镜检查和息肉切除术。最近，我开始接受每年都会推荐给老年人的一般性检查、心电图检查和 PSA 检查等。现在"短期住院体检"的费用大概是 7 万日元，不过我加入的共济工会和工作的单位可能会承担一半以上的费用，并且在大多数情况下，只需要半天时间就可以做完所有的检查了。"短期住院体检"这种全面健康检查，我建议过了 40 岁先做一次，之后直到 60 岁左右保持每 3~5 年做一次，然后每两年做一次（基于检查和结果进行必要的复查和治疗的话，估计许多人的寿命都可以延长数年甚至更长时间）。

第 9 章

年龄和寿命的测算方法

正如在脊椎动物寿命排名（第1章第1节）中所述，要精准确定动物的寿命（死亡时的年龄）通常是很难的。在这里，我将总结如何测量或推测动物和植物的年龄。在思考动物的寿命时，作为思考依据的原始数据的准确度是非常重要的，年龄的测量方法也是寿命研究的根本。与此同时，植物年龄的测量通常也非常困难。近些年来，随着分子生物学的进步，新的测量方法也在不断诞生。

饲养和培育

从出生开始就饲养或培育的动物和植物，能够最可靠并且精确地测量年龄和寿命，对于饲养在动物园等地的动物来说，这个测量方法是可行的。即使没有一直饲养，如果能够记录下同一个个体准确的出生日期和死亡日期，那也是一样可以获得可靠、精确的数据的。这种方法适用于所有的动植物，可以说是最具普遍性的方法。但是，对于寿命超过100年的长寿动物和植物，就非常困难了。此外，人工饲养动物的寿命与野生动物不同，通常比野生动物更长寿。

捕获、标记

如果在野生动物还比较小的时候将其捕获，一定程度上是可以知道它的年龄的，这时候在它身上做好标记并放回大自然，当再次捕获时，就可以大致知道它的年龄。出于各种研究目的，对昆虫和鱼类等各种动物都在进行此类调查。

牙齿、骨头和角的年轮

牙齿的年轮（层状结构）是判定哺乳动物年龄的最佳方法。在图 9-1 所示的哺乳类的牙齿结构中，与牙齿根部牙龈相连接的牙骨质部分，由于春夏与冬季的生长速度不同产生了分层结构。其结构如图 9-2 所示。这是将梅花鹿下颌第一切牙用酸去除钙质后切成薄片再用苏木精染色得来的，深色染层是冬季形成的，从它的数目可以判定其年龄为 6 岁（209）。

这样的分层结构，或者称年轮，在许多哺乳动物的牙齿中都能看到，可以用来判断年龄。虽然人的牙齿也形成了这样的分层结构，但由于人类的代谢几乎没有季节性变化，所以无法形成年轮，不能用来判断年龄。此外，在齿鲸和海豹等动物牙齿的牙本质以及兔子和鸟类的骨骼中也有这种年轮，可用于年龄的判定。羚羊的角周围的角质蛋白中也存在这样的年轮，直接看角就可以判断年龄了（209）。

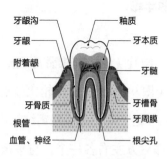

图 9-1　哺乳类的牙齿结构

注：根据参考文献 208 绘制。

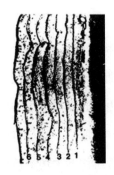

图9-2　梅花鹿下颌第一切牙的牙骨质年轮

注：转载自参考文献209。

甲壳的年轮

龟作为爬行动物，它的壳会随着季节变化出现生长速度的差异，形成年轮，通过这些年轮可以推测龟的年龄（210）。

耳石、鳞片的年轮

鱼类的耳石、鳞片（鳞）和椎骨等会形成年轮一样的东西，尤其是耳石（图9-3），它的年轮比较清晰易懂，所以可用来判断很多鱼的年龄。耳石是碳酸钙结晶构成的白色骨头一样的东西，在头部后方左右各一个，与平衡感和听觉密切相关。鱼的种类不同，耳石的状态也会有所不同，有的鱼的耳石纹理很难看清楚，而且，任何鱼超过了 10 岁，耳石都不易辨别清楚（211）。

　　鳞片的年轮如图 9-4 所示。需要注意的是，鳞片的年轮并不总是能够数得出来，并且有时候还会出现一年形成两次年轮的情况（212）。

图 9-3　长鲽鱼耳石的年轮

注：转载自参考文献 211。

图 9-4　黄鲷鱼的鳞片

注：转载自参考文献 212。

氨基酸的外消旋化

生物体内的大多数有机化合物仅以镜像对称的两种光学异构体（D 型和 L 型）中的一种存在。这是因为催化这些生物物质合成的酶，是在严格区分了各方面都完全不同的 D 型和 L 型的基础上产生的材料（基质）和生成物。生物体死亡或脱离生物体后，通过分子振动发生 D 型逐渐转化为 L 型，L 型转化为 D 型的非酶促变化，并最终使 D 型和 L 型达到 1∶1 的平衡状态，这种现象叫作外消旋化。

氨基酸作为蛋白质的构成成分大量存在于生物体内，但它们都是 L 型。外消旋化的速度一般取决于温度和氨基酸的种类，但在 25℃的环境下，要完全实现体内所有氨基酸的外消旋化大约需要 10 万年。因此，氨基酸外消旋化率被用于推测骨化石、海底沉积物、贝壳等的年代及其存在的环境温度。在氨基酸中天冬氨酸的外消旋化速度是最快的，因此，在推测寿命最多数百年的动物或刚刚死去的动物的年龄时，调查天冬氨酸的外消旋化程度是最合适的方法（213）（基于氨基酸外消旋化的年龄推测方法是一种高度通用的方法，不仅适用于脊椎动物，也适用于所有动物和植物）。

基于以上事实，可以通过测量生物体的组织中所含天冬氨酸的外消旋化程度，来确定组织形成后的年龄，因为组织在生物体内一旦产生，就不会被代谢。上述论文的作者调查了在世人群中各年龄段牙釉质（图9-1）的外消旋化程度（0.045~0.112），发现它和从人类年龄推测出的牙齿年龄几乎相同。所以它作为推测不明尸体年龄的最可靠方法被法医学所利用，同时它也可以用于推测野生动物的个体年龄。此外，人的牙釉质的外消旋速度为 $8.29 \times 10^{-4}/$ 年（213）。

在野生动物寿命研究中利用天冬氨酸外消旋化的一个重要例子，就是第1章第1节论述的在脊椎动物中寿命排名第二的弓头鲸（211年 ±35年）（7）。利用作为组织产生后完全不会进行代谢的眼球晶状体，基于体温37℃的人和最高核心体温为36℃的弓头鲸的数值，确定了外消旋化速度。±35年是标准误差，也代表着年龄推测中的各种因素引起的误差指标。

放射性碳的利用

脊椎动物中最长寿命纪录的保持者是格陵兰睡鲨，这是一种生活在极地海域的鲨鱼，其寿命的推测是基于眼球晶状体中央部分一定量的碳中所包含的放射性碳（14C）的占比，该元素在格陵兰睡鲨尚在母体时就形成了，而且完全没有进行过代谢。

地球上生物圈中存在的大部分放射性碳是由大气上层的二次宇宙射线中的中性粒子与氮原子核碰撞产生的。放射性碳的生成量是不稳定的，但平均而言，碳中14C的比重为10~12

（一兆分之一）。产生的 14C 会立即变成二氧化碳扩散到大气和海水中去。此外，还有一部分通过植物的光合作用被植物吸收，产生的有机化合物通过食物链被各种动物吸收。在生物的生命过程中，许多组织会进行代谢，14C 的占比几乎是恒定的，但在生物死亡后 14C 就会消失，14C 的占比以 5730 年为半衰期呈对数下降。基于这一原理，由生物体遗骸中 14C 放射能的测量值可以推测出生物死亡的年代。如果是产生后就没有进行过代谢的组织，即使在生物体还活着的时候，也可以根据 14C 的占比推测该组织的产生时间。这就是通过放射性碳对生物和组织进行时间测定（推测）的原理（214）。这个方法也是高度通用的，适用于所有动物和植物。植物中寿命最长的 Lomatia tasimanica（43600 年）和长寿树木唐桧（9550 年）的年龄就是通过放射性碳测量的。

在推测格陵兰睡鲨的年龄时，因为想知道出生年份，所以有必要对产生后没有进行过代谢的组织进行测量，因此测量了眼球晶状体中的 14C。在实践中，为了得到尽可能准确的结果，会进行多次必要修改，推测出体长 502 厘米的最大个体的出生年份为 392 年 ±120 年以前（2）。利用眼球晶状体的这种方法还可以高精度推测出人类年龄，因此也被应用于法医学领域（215）。

树龄的测定

①根据年轮测定：温带地区的树木，在生长迅速的夏季前后木质部会形成细胞壁薄的大细胞，在生长缓慢的冬季前后木质部会形成细胞壁厚的小细胞。其结果是在树干上形成了生长轮或者说年轮。即使在热带和亚热带，松树也会形成年轮。通过计算年轮的数目，我们可以知道这个部分的生长年龄。这可以通过切开靠近根部的树干实现。然而，年轮并不总是清晰的，这时可以将其染色或浸泡在水中，大多数情况下可以清楚地看到年轮。此外，从多个角度方向上计算年轮的话，数据会更准确。

为了在不砍树的情况下检查年轮，通常会使用"生长锥"。这是一个T形工具，将T形的竖直部分拧进树干的中心，从中取出直径约5毫米的柱状材料并计算年轮。如果树木较大难以测量到大树的中心，可以通过可测量部分的深度和树的半径之间的比例计算来推测树木的年龄。通常情况下，为了易于作业，生长锥在人的胸高度处使用，在这种情况下根据年轮推测出树龄后还要加上树木长到胸口高度的时间。

②依靠生长速度或生长量的测定方法：每隔几年或连续几年对调查区域内的所有目标树木的树干直径进行测量，计算出树木的生长速度，它们之间具有比例关系，所以，根据树木现在的直径就可以推测出树龄（216）。类似地，通过调查特

定树木的枯死率（死亡率），反过来就可以计算出该树种的半寿期。第 6 章第 2 节和表 6-1 所示的屋久岛的树木寿命就是这样调查得出的。

草的年龄和寿命

草的年龄和寿命的测定，除了从发芽开始持续培育或观察外，似乎没有什么普遍可行的方法。在第 6 章第 1 节中记录的蜘蛛兰和长叶车前草，是通过长达 32 年或 10 年以上的连续观察来调查寿命或年龄的。同样在第 6 章第 1 节，多年生草本植物 Borderea pyrenaica 的块茎中留有年龄的痕迹，所以能够测量出正确的年龄，它是一个最长寿命为 300 年的特例。

DNA 甲基化、端粒长度

基因组 DNA 甲基化等研究正在积极开展中，因此它们所具有的各种重要功能也越来越清晰。与之相关，基因组中特定位置的 CpG 排序（胞嘧啶 C 和鸟嘌呤 G 连续排列）的甲基化程度与年龄有关，这一结论在关于人和动物的很多报告中都提到过（217）。例如，当我们以人的唾液为原材料，调查与年龄有关的 7 处 CpG 的甲基化时，发现它整体上与年龄呈现出约 95% 的相关性，这在法医学中有非常高的利用价值（218）。

随着未来研究的进一步发展，期待通过 DNA 甲基化解析，可以对各种动物进行同样可靠的年龄推测。这种方法也是一种高度通用的方法。

端粒是一种含有 DNA 的结构，普遍存在于真核生物染色体的 DNA 末端，它的功能是还原伴随染色体 DNA 复制出现的 DNA 末端缩短，但它并不总是完美的，端粒会随着复制次数的增加或细胞老化而缩短。通过调查人类牙齿的端粒缩短程度，得出如下结论：它与被调查人的年龄虽然具有相关性，但由此推测出的年龄却不够准确（219），但是将来，有可能朝着有利于动物年龄推测的方向发展。

参考文献

第1章

（ 1 ） R. フリント『数値で見る生物学—生物に関わる数のデータブック』(浜本哲郎 訳) シュプリンガー・ジャパン (2007 年).

（ 2 ） Nielsen, J. et al. Eye lens radiocarbon reveals centuries of longevity in the Greenland shark (*Somniosus microcephalus*) . *Science*, 353, 702－704 (2016).

（ 3 ） 大島靖美『生物の大きさはどのようにして決まるのか—ゾウとネズミの違いを生む遺伝子』化学同人 (2013 年).

（ 4 ） National Geographic, News, 2016.01.15. https://natgeo.nikkeibp.co.jp/actl/news/16/011400012/

（ 5 ） 鈴木英治『植物はなぜ5000年も生きるのか—寿命からみた動物と植物のちがい』講談社 (2002 年).

（ 6 ） https://ja.wikipedia.org/wiki/ ジャンヌ・カルマン

（ 7 ） George, J. C. et al. Age and growth estimates of bowhead whales (*Balaena mysticetus*) via aspartic acid racemization. *Can. J. Zool.*, 77, 571－580 (1999).

（ 8 ） https://ja.wikipedia.org/wiki/ ニシオンデンザメ

（ 9 ） https://ja.wikipedia.org/wiki/ ホッキョククジラ

（10） https://ja.wikipedia.org/wiki/ コイ

（11） http://ja.wikipedia.org/wiki/ アルダブラゾウガメ

（12） マクマホン，ボナー『生物の大きさとかたち―サイズの生物学』（木村武二 ほ か訳）東京化学同人（2000 年）.

（13） BBC News, 2016.10.6.

（14） https://ja.wikipedia.org/wiki/ シロエリハゲワシ

（15） 犬の年齢の数え方と平均寿命．https://allabout.co.jp

（16） 日本ペットフード，小動物の基礎知識，種類別の小鳥寿命表．https://www.npf. co.jp/kisoaqua_bird/kop4–03.html

（17） 魚類図鑑 / 魚の寿命，魚の年齢と寿命．https://aqua.stardust31.com/jyumyou.shtml

（18） マッシモ・リヴィ‐バッチ『人口の世界史』（速水融，斎藤修 訳）東洋経済 新報社（2014 年）.

（19） Kenny, K. L. *Extreme Longevity*, Lerner Publishing Group, Inc. (2019).

（20） Roark, E. B. et al. Extreme longevity in proteinaceous deep‐sea corals. *PNAS*, 106, 5204‐5208 (2009).

（21） Schaible R. et al. Constant mortality and fertility over age in Hydra. *PNAS*, 112, 15701‐15706 (2015).

（22） Piraino, et al. Reversing the life cycle: Medusae transforming into polyps and cell transdifferentiation in *Turitopsis nutricula*（Cnidaria, Hydrozoa）. *Biol. Bulletin*, 190, 302‐312 (1996).

（23） https://ja.wikipedia.org/wiki/ ベニクラゲ

（24） https://ja.wikipedia.org/wiki/ シオミズツボワムシ

（25） Kenyon, et al. A *C. elegans* mutant that lives twice as long as wild type. *Nature*, 366, 461‐464 (1993).

（26） https://ja.wikipedia.org/wiki/ アイスランドガイ

（27） National Geographic, News, 2013.11.18. https://natgeo.nikkeibp.co.jp/nng/article/ news/14/8548/

（28） NAVER まとめ，人間より長生き!? 長寿の昆虫ベスト 5．https://matome.naver.jp/ odai/2137949300502513301

（29） 100 年生きるシロアリ女王．http://www10.plala.or.jp/kasuga3/insect/100nen.htm

（30） https://ja.wikipedia.org/wiki/ サンゴ

（31） https://en.wikipedia.org/wiki/Hydra_vulgaris

（32） ニホンベニクラゲ．北里大学三宅裕志准教授提供

（33） 八杉龍一ほか編『岩波　生物学辞典（第 4 版）』岩波書店（1996 年）．

（34） Munro, D. & Blier, P. U. The extreme longevity of *Arctica islandica* is associated with increased peroxidation resistance in mitochondrial membranes. *Aging Cell*, 11, 845 - 855 (2012).

（35） Ungvari, Z. et al. Extreme longevity is associated with increased resistance to oxidative stress in *Arctica islandica*, the longest - living non - colonial animal. *J. Gerontol. A Biol. Sci. Med. Sci.*, 66A, 741 - 750 (2011).

（36） Butler, P. G. et al. Variability of marine climate on the North Icelandic Shelf in a 1357 - years proxy achieved based on growth increments in the bivalve *Arctica Islandica*. *Palaeogeogr. Paleocl.*, 373, 141 - 151 (2012).

（37） 椎野季雄著『水産無脊椎動物学』培風館（1969 年）．

（38） Martinez, D. E. & Bridge, D. *Hydra*, the everlasting embryo, confronts aging. *Int. J. Dev. Biol.*, 56, 479 - 487 (2012).

第 2 章

（39） 世界自然遺産屋久島．http://www.tabian.com/tiikibetu/kyusyu/kagosima/yakusima/2.html

（40） Sussman, R. *The Oldest Living Things In The World*, The University of Chicago Press (2014).

（41） https://ja.wikipedia.org/wiki/ 樹齢

（42） Alves, R. J. V. et al. Longevity of the Brazilian underground tree *Jacaranda decurrens* Cham. *Anais da Academia Brasileira de Ciencias*, 85, 671 - 677 (2013).

（43） de Witte, L. C. & Stöcklin, J. Longevity of clonal plants: why it matters and how to measure it. *Annals of Botany*, 106, 859 - 870 (2010).

（44） Vasek, F. C. Creosote Bush: Long - Lived Clones in the Mohave Desert. American *Journal of Botany*, 67, 246 - 255 (1980).

（45） Lynch, A. J. J. et. al. Genetic evidence that *Lomatia tasmanica* (Proteaceae) is an ancient clone. *Australian Journal of Botany*, 46, 25 - 33 (1998).

（46） de Witte, L. C. et al. AFLP markers reveal high clonal diversity and extreme longevity in four key arctic - alpine species. *Mol. Ecol.*, 21, 1081 - 97 (2012).

（47） Takahashi, M. K. et al. Extensive clonal spread and extreme longevity in saw palmetto, a foundation clonal plant. *Mol. Ecol.*, 20, 3730‐3742 (2011).

（48） https://gardens.rtbg.tas.gov.au/lomatia_tasmanica/

（49） https://en.wikipedia.org/wiki/King_Clone

（50） https://en.wikipedia.org/wiki/Old_Tjikko

（51） 石井誠治 監修『樹木の名前（山渓名前図鑑）』山と渓谷社（2018年）.

（52） https://en.wikipedia.org/wiki/Bristlecone_pine

（53） https://ja.wikipedia.org/wiki/ 縄文杉

（54） 渡辺典博『巨樹・巨木』山と渓谷社（1999年）.

（55） 林野庁業務資料，スギ・ヒノキ林に関するデータ（平成24年）.

（56） 大島靖美『線虫の研究とノーベル賞への道—1ミリの虫の研究がなぜ3度ノーベル賞を受賞したか』裳華房（2015年）.

（57） https://ja.wikipedia.org/wiki/ 一年生植物

（58） https://ja.wikipedia.org/wiki/ 二年生植物

（59） https://ja.wikipedia.org/wiki/ 多年生植物

（60） 佐竹義輔 ほか編『フィールド版　日本の野生植物　草本』平凡社（1985年）.

（61） https://en.wikipedia.org/wiki/Pando_(tree)

（62） https://en.wikipedia.org/wiki/Clonal_colony#Examples

（63） Liu, F. et al. Ecological Consequences of Clonal Integration in Plants. *Frontiers in Plant Science,* 7, 770 (2016).

（64） https://kotobank.jp/word/ タケ‐1558724

（65） 農林水産省，竹のお話 (2)．http://www.maff.go.jp/j/pr/aff/1301/spe1_02.html

第3章

（66） McCay, C. M. et. al. The Effect of Retarded Growth Upon the Length of Life Span and Upon the Ultimate Body Size: One Figure. *J. Nutr.*, 10, 63‐79 (1935).

（67） Ladiges, W. et al. Lifespan extension in genetically modified mice. *Aging Cell*, 8, 346‐352 (2009).

（68） Brown‐Borg, H. M. et al. Dwarf mice and the aging process. *Nature*, 384, 33 (1996).

（69） Bartke, A. et al. Extending the lifespan of long‐lived mice. *Nature*, 414, 412 (2001).

（70） Shriner, S. E. et al. Extension of Murine Life Span by Overexpression of Catalase Targeted to Mitochondria. *Science*, 308, 1909‐1911 (2005).

(71) Conti, B. et al. Transgenic Mice with a Reduced Core Body Temperature Have an Increased Life Span. *Science*, 314, 825 – 828 (2006).

(72) Benigni, A. et al. Disruption of the Ang II type I receptor promotes longevity in mice. *J. Clin. Invest.*, 119, 524 – 530 (2009).

(73) Riera, C. E. et al. TRPV1 Pain Receptors Regulate Longevity and Metabolism by Neuropeptide Signalling. *Cell*, 157, 1023 – 1036 (2014).

(74) Hofmann, J. W. et al. Reduced Expression of MYC Increases Longevity and Enhances Healthspan. *Cell*, 160, 477 – 488 (2015).

(75) Swindell, W. R. Dietary restriction in rats and mice: A meta – analysis and review of the evidence for genotype – dependent effects on lifespan. *Aging Res. Rev.*, 11, 254 – 270 (2012).

(76) Colman, R. J. et al. Caloric restriction delays disease onset and mortality in rhesus monkeys. *Science*, 325, 201 – 204 (2009).

(77) Fanson, B. G. et al. Nutrients, not caloric restriction, extend lifespan in a Queensland fruit fly. *Aging Cell*, 8, 514 – 523 (2009).

(78) Solon – Biet, S. M. et al. The Ratio of Macronutrients, Not Caloric Intake, Dictates Cardiometabolic Health, Aging, and Longevity in Ad Libitum – Fed Mice. *Cell Metabolism*, 19, 418 – 430 (2014).

(79) Richie, J. P. et al. Methionine restriction increases blood glutathione and longevity in F344 rats. *FASEB J.*, 8, 1302 – 1307 (1994).

(80) Miller, R. A. et al. Methionine – deficient diet extends mouse lifespan, slows immune and lens aging, alters glucose, T4, IGF – 1 and insulin levels, and increases hepatocyte MIF levels and stress resistance. *Aging Cell*, 4, 119 – 125 (2005).

(81) Kitada, M. et al. The impact of dietary protein intake on longevity and metabolic health. *EBioMedicine*, 43, 632 – 640 (2019).

(82) D'Antona, G. et al. Branched – Chain Amino Acid Supplementation Promotes Survival and Supports Cardiac and Skeletal Muscle Mitochondrial Biogenesis in Middle – Aged Mice. *Cell Metabolism*, 12, 362 – 372 (2010).

(83) Mattson, M. P. et al. Meal frequency and timing in health and disease. *PNAS*, 111, 16647 – 16653 (2014).

(84) Longo, V. D. & Panda, S. Fasting, Circadian Rhythms, and Time – Restricted Feeding in Healthy Lifespan. *Cell Metabolism*, 23, 1049 – 1059 (2016).

（85） Brandhorst, S. et al. A Periodic Diet that Mimics Fasting Promotes Multi‐System Regeneration, Enhanced Cognitive Performance, and Healthspan. *Cell Metabolism*, 22, 86‐99 (2015).

（86） Baur, J. A. et al. Resveratrol improves health and survival of mice on a high‐calorie diet. *Nature*, 444, 337‐342 (2006).

（87） https://ja.wikipedia.org/wiki/ ラパマイシン

（88） Harrison, D. E. et al. Rapamycin fed late in life extends lifespan in genetically heterogeneous mice. *Nature*, 460, 392‐395 (2009).

第 4 章

（89） The Global BMI Mortality Collaboration. Body‐mass index and all‐cause mortality: individual‐participant‐data meta‐analysis of 239 prospective studies in four continents. *Lancet*, 388, 776‐786 (2016).

（90） Joshi, P. K. et al. Genome‐wide meta‐analysis associates HLA‐DQA1/DRB1 and LPA and lifestyle factors with human longevity. *Nature Commun.*, 8, 910 (2017).

（91） 伊藤正男ほか編『医学大辞典』医学書院（2003 年）.

（92） 今堀和友，山川民夫 監修『生化学辞典（第 4 版）』東京化学同人（2007 年）.

（93） 赤木優也，神出計「長寿の遺伝素因：百寿者研究，高齢者疫学研究から得られた知見より」『日老医誌』，55，554‐561，2018.

（94） Deng, Q. et al. Understanding the Natural and Socioeconomic Factors behind Regional Longevity in Guangxi, China: Is the Centenarian Ratio a Good Enough Indicator for Assessing the Longevity Phenomenon? *Int. J. Environ. Res.* Public Health, 15, 938 (2018). DOI: 10.3390/ijerph15050938

（95） Ravussin, E. et al. A 2‐Year Randomized Controlled Trial of Human Caloric Restriction: Feasibility and Effects on Predictors of Health Span and Longevity. *J. Gerontol. A Biol. Sci. Med. Sci.*, 70, 1097‐1104 (2015).

（96） Levine, M. E. et al. Low Protein Intake Is Associated with a Major Reduction in IGF‐1, Cancer, and Overall Mortality in the 65 and Younger but Not Older Population. *Cell Metabolism*, 19, 407‐417 (2014).

（97） Song, M. et al. Association of Animal and Plant Protein Intake With All‐Cause and Cause‐Specific Mortality. *JAMA Intern. Med.*, 176, 1453‐1463 (2016).

（98） Kurihara, A. et al. Vegetable Protein Intake was Inversely Associated with Cardiovascular

Mortality in a 15‒Year Follow‒Up Study of the General Japanese Population. *J. Atheroscler. Thromb.*, 26, 198‒206 (2019).

（99）Yin, J. et al. Relationship of Sleep Duration With All‒Cause Mortality and Cardiovascular Events: A Systematic Review and Dose‒Response Meta‒Analysis of Prospective Cohort Studies. *J. Am. Heart Assoc.*, 6, e005947 (2017). DOI: 10.1161/JAHA. 117.005947

（100）Åkerrstedt, T. et al. Sleep duration, mortality and the influence of age. *Eur. J. Epidemiol.*, 32, 881‒891 (2017).

（101）Ohara, T. et al. Association Between Daily Sleep Duration and Risk of Dementia and Mortality in a Japanese Community. *J. Am. Geriatr.* Soc., 66, 1911‒1918 (2018).

（102）Arem, H. et al. Leisure Time Physical Activity and Mortality: A Detailed Pooled Analysis of the Dose‒Response Relationship. *JAMA Intern. Med.*, 175, 959‒967 (2015).

（103）Ainsworth, B. E. et al. 2011 Compendium of Physical Activities: A Second Update of Codes and MET Values. *Med. Sci. Sports Exerc.*, 43, 1575‒1581 (2011).

（104）（独）国立健康・栄養研究所，改訂版『身体活動のメッツ（METs）表』（2012年4月11日改訂）. https://www.nibiohn.go.jp/eiken/programs/2011mets.pdf

（105）代謝当量 METs とその場運動. https://47819157.at.webry.info/201511/article_5.html

（106）Stamatakis, E. et al. Sitting Time, Physical Activity, and Risk of Mortality in Adults. *J. Am. Coll. Cardiol.*, 73, 2062‒2072 (2019).

（107）身体活動・運動強度と死亡との関連—多目的コホート研究（JPHC）研究からの成果報告—. https://epi.ncc.go.jp/jphc/outcome/8048.html

（108）Kikuchi, H. et al. Impact of Moderate‒Intensity and Vigorous‒Intensity Physical Activity on Mortality. *Med. Sci. Sports Exerc.*, 50, 715‒721 (2018).

（109）Shin, W. Y. et al. Diabetes, Frequency of Exercise, and Mortality Over 12 Years: Analysis of National Health Insurance Service‒Health Screening（NHIS‒HEALS）Database. *J. Korean Med. Sci.*, 33, e60 (2018).

（110）厚生労働省，平成28年国民健康・栄養調査報告. https://www.mhlw.go.jp/bunya/kenkou/eiyou/h28‒houkoku.html

（111）Chastin, S. F. M. et al. How does light‒intensity physical activity associate with adult cardiometabolic health and mortality? Systematic review with meta‒analysis of experimental and observational studies. *Br. J. Sports Med.*, 53, 370‒376 (2019).

（112）Jha, P. et al. 21st‒Century Hazards of Smoking and Benefits of Cessation in the United

States. *N. Eng. J. Med.*, 368, 341‒350 (2013).

（113）日本学校保健会，タバコの害について．http://www.hokenkai.
or.jp/3/3‒5/3‒55‒03.html

（114）Sakata, R. et al. Impact of smoking on mortality and life expectancy in Japanese smokers:
a prospective cohort study. *BMJ*, 345, e7093 (2012).

（115）Ozasa, K. et al. Reduced life expectancy due to smoking in large‒scale cohort studies in
Japan. *J. Epidemiol.*, 28, 111‒8 (2008).

（116）Murakami, Y. et al. Life expectancy among Japanese of different smoking status in Japan.
J. Epidemiol., 17, 31‒37 (2007).

（117）Doll, R. et al. Mortality in relation to smoking: 50 years' observation on male British
cohorts. *BMJ*, 328, 1519‒1528 (2004).

（118）Zha, L. et al. Changes in Smoking Status and Mortality from All Causes and Lung Cancer:
A Longitudinal Analysis of a Population‒based Study in Japan. *J. Epidemiol.*, 29, 1‒17
(2019).

（119）厚生労働省の最新たばこ情報，成人喫煙率（JT全国喫煙者率調査）．http://
www.health‒net.or.jp/tobacco/product/pd090000.html

（120）Yang, J. J. et al. Tobacco Smoking and Mortality in Asia: A Pooled Meta‒Analysis.
JAMA Netw. Open, 2, e191474 (2019).

（121）World Health Organization, WHO Report on the Global Tobacco Epidemic, 2017. https://
www.who.int/tobacco/global_report/2017/en/

（122）GBD 2015 Tobacco Collaborators, Smoking prevalence and attributable disease burden in
195 countries and territories, 1990‒2015: a systematic analysis from the Global Burden
of Disease Study 2015. *Lancet*, 389, 1885‒1906 (2017).

（123）糖尿病ネットワーク，糖尿病の患者数・予備群の数　国内の調査・統計．
https://dm-net.co.jp/calendar/chousa/population.php

（124）Yang, J. J. et al. Association of Diabetes With All‒Cause and Cause‒Specific Mortality
in Asia: A Pooled Analysis of More Than 1 Million Participants. *JAMA Netw. Open*, 2,
e192696 (2019).

（125）Preston, S. H. et al. Effect of Diabetes on Life Expectancy in the United States by Race
and Ethnicity. *Biodemography Soc. Biol.*, 64, 139‒151 (2018).

（126）Goto, A. et al. Causes of death and estimated life expectancy among people with diabetes:
A retrospective cohort study in a diabetes clinic. *Journal of Diabetes Investigation*, 11,

52‐54 (2020). DOI: 10.1111/jdi.13077

(127) Yamagishi, K. et al. Blood pressure levels and risk of cardiovascular disease mortality among Japanese men and women: the Japan Collaborative Cohort Study for Evaluation of Cancer Risk (JACC Study). *J. Hypertens.*, 37, 1366‐1371 (2019).

(128) Wei, Y. C. et al. Assessing Sex Differences in the Risk of Cardiovascular Disease and Mortality per Increment in Systolic Blood Prssure: A Systematic Review and Meta‐Analysis of Follow‐Up Studies in the United States. *PLoS ONE*, 12, e0170218 (2017). DOI: 10.1371/journal.pone.0170218

(129) Winnie, W. Y. et al. Age‐and sex‐specific all‐cause mortality risk greatest in metabolic syndrome combinations with elevated blodd pressure from 7 U.S. cohorts. *PLoS ONE*, 14, e0218307 (2019). DOI: 10.1371/journal.pone.0218307

(130) 日本生活習慣病予防協会，高血圧の予防と治療. http://www.seikatsushukanbyo.com/guide/hypertension.php

(131) Aune, D. et al. Resting heart rate and the risk of cardiovascular disease, total cancer, and all‐cause mortality‐a systematic review and dose‐response meta‐analysis of prospective studies. *Nutr. Metab. Cardiovasc. Dis.*, 27, 504‐517 (2017). DOI: 10.1016/j.numecd.2017.04.004

(132) Hozawa, A. et al. Prognostic Value of Home Heart Rate for Cardiovascular Mortality in the General Population. *American Journal of Hypertension*, 17, 1005‐1010 (2004).

(133) Revelas, M. et al. Review and meta‐analysis of genetic polymorphisms associated with exceptional human longevity. *Mech. Ageing Dev.*, 175, 24‐34 (2018).

(134) Dato, S. et al. The genetic component of human longevity: New insights from the analysis of pathway‐based SNP‐SNP interactions. *Aging Cell*, 17, e12755 (2018).

(135) Johnson, S. C. et al. mTOR is a key modulator of ageing and age‐related disease. *Nature*, 493, 338‐345 (2013).

(136) 大田秀隆「長寿遺伝子 Sirt1 について」『日老医誌』，47，11‐16（2010）.

(137) Killic, U. et al. A Remarkable Age‐Related Increase in SIRT1 Protein Expression against Oxidative Stress in Elderly: SIRT1 Gene Variants and Longevity in Human. *PLoS ONE*, 10, e0117954 (2015). DOI: 10.1371/journal.pone.0117954

第 5 章

(138) https://ja.wikipedia.org /wiki/ センテナリアン

（139）権藤恭之「百寿者の国際共同研究の目的と成果」『日老医誌』, 55, 570 - 577 （2018）.

（140）新井康通, 広瀬信義「スーパーセンチナリアンの医学生物学的研究」『日老医誌』, 55, 578 - 583（2018）.

（141）https://www.chiba.med.or.jp/personnel/nursing/download/tex2016_6.pdf

（142）https://ja.wikipedia.org/wiki/ ミニメンタルステート検査

（143）Arai, Y. et al. Demographic, phenotypic, and genetic characteristics of centenarians in Okinawa and Honshu, Japan: Part 2 Honshu, Japan. *Mech. Ageing Dev.*, 165, 80 - 85 (2017).

（144）Wilcox, B. J. et al. Demographic, phenotypic, and genetic characteristics of centenarians in Okinawa and Japan: Part 1 - centenarians in Okinawa. *Mech. Ageing Dev.*, 165, 75 - 79 (2017).

（145）Robine, J. M. et al. Exploring the impact of climate on human longevity. *Exp. Gerontol.*, 47, 660 - 671 (2012).

（146）da Silva, A. P. et al. Characterization of Portuguese Centenarian Eating Habits, Nutritional Biomarkers, and Cardiovascular Risk: A Case Control Study. *Oxid. Med. Cell. Longev.*, 2018, 5296168. DOI: 10.1155/2018/5296168

（147）Hippisley - Cox, J. et al. Predicting cardiovascular risk in England and Wales: prospective derivation and validation of QRISK2. *BMJ*, 336, 1475 - 1482 (2008).

（148）Zeng, Y. et al. Demographics, phenotypic health characteristics and genetic analysis of centenarians in China. *Mech. Ageing Dev.*, 165, 86 - 97 (2017).

第6章

（149）Hutchings, M. J. The population biology of the early spider orchid Ophrys sphegodes Mill. III. Demography over three decades. *J. Ecol.*, 98, 867 - 878 (2010).

（150）https://en.wikipedia.org/wiki/Ophrys_ sphegodes

（151）Shefferson, R. P. & Roach, D. A. Longitudinal analysis in Plantago: strength of selection and reverse age analysis reveal age - indeterminate senescence. *J. Ecol.*, 101, 577 - 584 (2013).

（152）https://en.wikipedia.org/wiki/Plantago_lanceolata

（153）佐竹義輔ほか編『フイールド版　日本の野生植物　草本』平凡社（1985 年）.

（154）Garcia, M. B. et al. No evidence of senescence in a 300 - year - old mountain herb.

J. Ecol., 99, 1424 - 1430 (2011).

（155）岩手県立大学，ヤマノイモの会．http://p - www.iwate - pu.ac.jp/~hiratsuk/ yamanoimo/Borderea/photos.html

（156）Garc í a, M. B. and Antor, R. J. Sex - ratio and sexual dimorphism in the dioecious Borderea pyrenaica (Dioscoreaceae). *Oecologia*, 101, 59 - 67 (1995).

（157）Aiba, S. & Kohyama, T. Tree species stratification in relation to allometry and demography in a warm - temperate rain forest. *J. Ecol.*, 84, 207 - 218 (1996).

（158）Marb à , N. et al. Allometric scaling of plant life history. *PNAS*, 104, 15777 - 15780 (2007).

（159）https://en.wikipedia.org/wiki/Thuja_occidentalis

（160）Kelly, P. E. & Larson, D. W. Dendroecological analysis of the population dynamics of an old - growth forest on cliff - faces of the Niagara Escarpment, Canada. *J. Ecol.*, 85, 467 - 478 (1997).

（161）ボタニックガーデン．https://www.botanic.jp/plants - na/nihiba.htm

（162）野崎造園新聞，植物の寿命．http://www.nozaki - zoen.co.jp

（163）Ashton, P. S. & Hall, P. Comparisons of Structure Among Mixed Dipterocarp Forests of North - Western Borneo. *J. Ecol.*, 80, 459 - 481 (1992).

（164）樹種別の寿命と樹高，直径成長．https://blogs.yahoo.co.jp/freiburgshuji/18140211. html

（165）https://ja.wikipedia.org/wiki/ブナ

（166）Alberts, B. ほか『細胞の分子生物学（第 5 版）』（中村桂子，松原謙一 監訳）ニ ュートンプレス（2010 年）．

（167）Burian, A. et al. Patterns of Stem Cell Divisions Contribute to Plant Longevity. *Curr. Biol.*, 26, 1385 - 1394 (2016).

（168）木材博物館．https://www.wood - museum.net/specific_gravity.php

（169）及川真平ほか「葉寿命研究の歴史と近況」『日本生態学会誌』，63，11 - 17 （2013）．

（170）Wright, J. et al. The worldwide leaf economics spectrum. Nature, 428, 821 - 827 (2004).

（171）長田典之ほか「環境条件に応じた葉寿命の種内変異：一般的傾向と機能型間 の差異」『日本生態学会誌』，63，19 - 36（2013）．

（172）森林総合研究所，ヒノキの葉の寿命は寒冷な地域ほど長い．https://www.ffpri. affrc.go.jp/research/saizensen/2012/20120528 - 02.html

（173）https://ja.wikipedia.org/wiki/ 大賀ハス

（174）Shen‐Miller, J. et al. Exceptional seed longevity and robust growth: ancient Sacred Lotus from China. *American Journal of Botany*, 82, 1367‐1380 (1995).

（175）鈴木基夫，横井政人 監修『山渓カラー名鑑　園芸植物』山と渓谷社（1998 年）.

（176）http://www.pixino.com/salen/koukannjilyo.htm

（177）Kim, D. H. Extending *Populus* seed longevity by controlling seed moisture content and temperature. *PLoS ONE*, 13, e0203080 (2018).

（178）Lima, J. J. P. et al. Molecular characterization of the acquisition of longevity during seed maturation in soybean. *PLoS ONE*, 12, e0180282 (2017).

（179）『世界国勢図会（2014/15 年版）』矢野恒太記念会（2014 年）.

（180）Nguyen, T. P. et al. A role for seed storage proteins in Arabidopsis seed longevity. *Journal of Experimental Botany*, 66, 6399‐6413 (2015).

（181）Sharabi‐Schwager, M. et al. Overexpression of the CBF‐2 transcriptional activator in Arabidopsis delays leaf senescence and extends plant longevity. *Journal of Experimental Botany*, 61, 261‐273 (2010).

（182）Minina, E. A. et al. Autophagy mediates caloric restriction‐induced lifespan extension in *Arabidopsis. Aging Cell*, 12, 327‐329 (2013).

（183）Bigler, C. Trade‐Offs between Growth Rate, Tree Size and Lifespan of Mountain Pine（*Pinus montana*）in the Swiss National Park. *PLoS ONE*, 11, e0150402 (2016).

（184）Ireland, K. B. et al. Slow lifelong growth predisposes Populus tremuloides trees to mortality. *Oecologia*, 175, 847‐859 (2014).

（185）Li, Y. et al. Acyl Chain Length of Phosphatidylserine Is Correlated with Plant Lifespan. *PLoS ONE*, 9, e103227 (2014).

（186）Tuscan, G. A. et al. The genome of black cottonwood, *Populus trichocarpa*（Torr. & Gray）. *Science*, 313, 1596‐604 (2006).

（187）Arabidopsis Genome Initiative, Analysis of the genome of the flowering plant *Arabidopsis thaliana. Nature*, 408, 796‐815 (2000).

第 7 章

（188）Jones, O. R. et al. Diversity of ageing across the tree of life. *Nature*, 505, 169‐173 (2014).

（189）健康長寿ネット，ウェルナー症候群. https://www.tyojyu.or.jp/net/byouki/werner.html

（190）https://ja.wikipedia.org/wiki/ハッチンソン・ギルフォード・プロジェリア症候群

（191）Kenyon, C. J. The genetics of ageing. *Nature*, 464, 504‐512 (2010).

（192）Animal Encyclopedia, National Geographic Society, 2012.

（193）魚類図鑑，魚の寿命．https://aqua.stardust31.com/jyumyou.shtml

（194）Ló pez‐Ot í n, C. et al. Metabolic Control of Longevity. *Cell*, 166, 802‐821 (2016).

第8章

（195）渡邊昌『栄養学原論』南江堂（2009年）.

（196）厚生労働省，「日本人の食事摂取基準（2020年版）」策定検討会報告書．https://www.mhlw.go.jp/stf/newpage_08517.html

（197）出典196の各論，エネルギー，p.79の表8．https://www.mhlw.go.jp/content/10904750/000586556.pdf

（198）Kitada, M. et al. The impact of dietary protein intake on longevity and metabolic health. *EBioMedicine*, 43, 632‐640 (2019).

（199）ダン・ビュートナー「長寿の食卓を巡る旅」『ナショナルジオグラフィック日本版』2020年1月号，p.57‐73.

（200）Healthy Diets From Sustainable Food Systems: Summary Report of the EAT‐Lancet Commission. https://eatforum.org/content/uploads/2019/01/EAT‐Lancet_Commission_Summary_Report.pdf

（201）国際連合広報センター，国連報告書プレスリリース日本語訳．https://www.unic.or.jp/news_press/info/33789

（202）大川匡子，高橋清久 監修『睡眠のなぜ? に答える本―もっと知ろう! やってみよう!! 快眠のための12ポイント』ライフ・サイエンス（2019年）.

（203）高久史麿ほか監修『最新版 家庭医学大全科』法研（2004年）.

（204）シニアガイド，日本人の死亡原因の1位は男女とも「ガン」，部位別では「気管支および肺」．https://seniorguide.jp/article/1019204.html

（205）禁煙サポートサイトいい禁煙，タバコの三大有害物質．https://www.e‐kinen.jp/harm/poison.html

（206）禁煙推進委員会，喫煙の健康影響・禁煙の効果．http://www.j‐circ.or.jp/kinen/iryokankei/eikyo.htm

（207）DM TOWN，糖尿病になりにくい生活（食事）．http://www.dm‐town.com/oneself/yobou01.html

第9章

(208) Ask Dentist，歯の構造．http://www.ask‐dentist.org/know/base/stracture.php

(209) 三浦慎吾「野生動物の年齢」『森林科学』，18，50（1996）．

(210) 朝日新聞，動物の年齢，どう数えるの？ http://www.asahi.com/edu/nie/tamate/kiji/ TKY200703260240.html

(211) 京都府農林水産技術センター海洋センター，研究こぼれ話（魚の年齢を調べる）．https://www.pref.kyoto.jp/kaiyo/kenkyukoborebanashi‐nenrei.html

(212) 京都府農林水産技術センター海洋センター，この魚は何歳？（年齢調査）．http://www.pref.kyoto.jp/kaiyo/job0103.html

(213) Helfman, P. M. and Bada, J. L. Aspartic acid racemization in tooth enamel from living humans. *Proc. Natl. Acad. Sci. USA*, 72, 2891‐2894 (1975).

(214) https://ja.wikipedia.org/wiki/ 放射性炭素年代測定

(215) Lynnerup, N. et al. Radiocarbon Dating of the Human Eye Lens Crystallins Reveal Proteins without Carbon Turnover throught Life. *PLoS ONE*, 3, e1529 (2008).

(216) 加茂皓一「樹木の年齢」『森林科学』，27，49（1999）．

(217) de Paoli‐Iseppi, R. et al. Measuring Animal Age with DNA Methylation: From Humans to Wild Animals. *Front. Genet*., 8, 106 (2017).

(218) Hong, S. R. et al. DNA methylation‐based age prediction from saliva: High age predictability by combination of 7 CpG markers. *Forensic Sci. Int. Genet*., 29, 118‐125 (2017).

(219) Márquez‐Ruiz, A. B. et al. Usefulness of telomere length in DNA from human teeth for age estimation. *Int. J. Legal. Med.*, 132, 353‐359 (2018).

后　记

　　本书自执笔以来，已经历了大约一年半的时间。在过去撰写数本专著的时候，执笔时间最长也只有半年左右，因此，本书的撰写和出版修改所花费的时间，远比过去的每一次都长。迄今为止，有大量关于寿命的研究得以发表，我从其中选出自认为非常重要的近 200 篇，阅读、理解、整理，并在此基础上进行了本书的写作，整个过程比预期的要困难得多。但是，也正是因为经历了这个过程，我得以重新确立了认识，即长寿和衰老问题不仅对生物非常重要，对我们人类也是亟待解决的问题，是一个特别值得持续关注的领域。我们希望这本书能被更多的读者阅读，成为一本有趣而且有用的书。

　　在这本书的出版过程中，得到了化学同人编辑部津留贵彰先生的大力帮助，在此表示深深的谢意。此外，日本老年病学会、日本生态学会、日本林业学会、京都府农林水产省海洋中心，以及属于这些机构的论文的作者们，给予了我极大的支持，允许了本书的图片转载，PNAS杂志提供了免费图片转载，同时，维基百科提供了大量的转载照片，在此，对以上各方的大力支持和帮助表示衷心的感谢。

2020 年 1 月 7 日

大岛靖美

图书在版编目（CIP）数据

400 岁的鲨鱼、40000 岁的植物：生物的寿命是怎样决定的 /（日）大岛靖美 著；张小苑 译 . — 北京：东方出版社，2022.1
ISBN 978-7-5207-1851-6

Ⅰ . ① 4… Ⅱ . ① 大… ② 张… Ⅲ . ① 寿命（生物）—普及读物 Ⅳ . ① Q419

中国版本图书馆 CIP 数据核字（2021）第 220227 号

---

400 NEN IKIRU SAME, 4 MAN NEN IKIRU SHOKUBUTSU by Yasumi Ohshima
Copyright © Yasumi Ohshima, 2020
All rights reserved.
Original Japanese edition published by Kagaku–Dojin Publishing Company, Inc., Kyoto.

This Simplified Chinese edition published by arrangement with
Kagaku–Dojin Publishing Company, Inc., Kyoto in care of Tuttle–Mori Agency, Inc., Tokyo
through Hanhe International (HK) Co., Ltd.

本书中文简体字版权由汉和国际（香港）有限公司代理
中文简体字版专有权属东方出版社
著作权合同登记号 图字：01-2021-5782 号

400 岁的鲨鱼、40000 岁的植物：生物的寿命是怎样决定的
（400 SUI DE SHAYU、40000 SUI DE ZHIWU:SHENGWU DE SHOUMING SHI ZENYANG JUEDING DE）

作　　者：[日] 大岛靖美
译　　者：张小苑
责任编辑：刘　峥
出　　版：东方出版社
发　　行：人民东方出版传媒有限公司
地　　址：北京市西城区北三环中路 6 号
邮　　编：100120
印　　刷：北京文昌阁彩色印刷有限责任公司
版　　次：2022 年 1 月第 1 版
印　　次：2022 年 1 月第 1 次印刷
开　　本：787 毫米 × 1092 毫米　1/32
印　　张：9.25
字　　数：165 千字
书　　号：ISBN 978-7-5207-1851-6
定　　价：49.80 元
发行电话：（010）85924663　85924644　85924641
